U0192536

高等职业教育建设工程管理类"新形态一体化"系列教材

钢筋平法识图与计算

主　编　赵　军　马方兴
副主编　赵　倩　杨　南
参　编　周立军　陈晓文　刘永坤

机械工业出版社

本书包括"钢筋平法识图与计算"和"钢筋平法识图与计算任务工单"两部分内容,从平法基础知识、基础识读及钢筋构造、柱识读及钢筋构造、梁识读及钢筋构造、板识读及钢筋构造、剪力墙识读及钢筋构造、楼梯识读及钢筋构造七个模块进行剖析讲解,结合22G101系列图集和施工图纸,阐述了识读结构图纸的技巧和方法、各构件及节点的钢筋构造和钢筋工程量的计算规则。

为使学习者更全面、更深入地掌握知识,本书在"钢筋平法识图与计算任务工单"的每个任务的"实训单"后添加了"1+X应对试题"和"工程管理方向试题"。

本书内容选取尽量做到简单、典型、易接受、知识点覆盖面广和应用性强,既可作为高等职业院校土木工程大类各专业教材,也可作为建筑行业从业人员学习和参考用书。

本书配套课程可在日照职业技术学院在线教学平台（https://course. rzpt. cn/front/kcjs. php? course_id = 2105）中学习。

图书在版编目（CIP）数据

钢筋平法识图与计算/赵军,马方兴主编. —北京：机械工业出版社, 2023.8

高等职业教育建设工程管理类"新形态一体化"系列教材

ISBN 978-7-111-73458-1

Ⅰ.①钢… Ⅱ.①赵… ②马… Ⅲ.①钢筋混凝土结构-建筑构图-识图-高等职业教育-教材②钢筋混凝土结构-结构计算-高等职业教育-教材 Ⅳ. ①TU375

中国国家版本馆CIP数据核字（2023）第122454号

机械工业出版社（北京市百万庄大街22号 邮政编码100037）
策划编辑：王靖辉 责任编辑：王靖辉 陈将浪
责任校对：张爱妮 张 薇 封面设计：王 旭
责任印制：刘 媛
涿州市般润文化传播有限公司印刷
2023年10月第1版第1次印刷
184mm×260mm·18印张·396千字
标准书号：ISBN 978-7-111-73458-1
定价：49.00元

电话服务 网络服务
客服电话：010-88361066 机 工 官 网：www.cmpbook.com
010-88379833 机 工 官 博：weibo.com/cmp1952
010-68326294 金 书 网：www.golden-book.com
封底无防伪标均为盗版 机工教育服务网：www.cmpedu.com

前　言

　　混凝土结构施工图平面整体表示方法（简称"平法"）是建筑结构施工图的主要表现语言，是建筑设计、施工、造价和工程管理等专业从业人员必须掌握的知识。近年来，我国高等职业教育对平法技能的重视度逐渐提高，一是在全国职业院校技能大赛中增加了"建筑工程识图"赛项；二是增加了"1+X"建筑工程识图职业技能等级考试。本书依托"建筑工程识图"全国职业院校技能大赛和"1+X"建筑工程识图职业技能等级考试进行编写，讲述了应赛应试的内容、形式以及技巧等，有助于同学们自学和教师教学。

　　形式上，本书创新性地增设了活页式任务工单。课前，学生应掌握主教材中的"学习目标"和"任务简介"，填写任务工单中的"预习单"并进行"任务调研"；课中，教师根据任务工单中的"实施单"进行讲解和互动，所需知识内容可在"实施单"中"关联"的主教材中的知识点进行学习；教师讲解完毕，学生利用任务工单中的"实训单"进行课内实训；最后，教师再进行批改和讲解，并将成绩纳入平时考核。

　　内容上，编者响应二十大精神进教材、进课堂、进头脑的号召，**本书秉着制度化、规范化、程序化全面推进的思想，强调建筑工程的一切活动必须以现行规范和标准为引领，实现制度化、规范化、程序化操作，杜绝一切违章、违法、违规**——本书以《混凝土结构施工图平面整体表示方法制图规则和构造详图（现浇混凝土框架、剪力墙、梁、板）》（22G101—1）、《混凝土结构施工图平面整体表示方法制图规则和构造详图（现浇混凝土板式楼梯）》（22G101—2）、《混凝土结构施工图平面整体表示方法制图规则和构造详图（独立基础、条形基础、筏形基础、桩基础）》（22G101—3）、新工艺、新技术为依据，以常见的、重要的和必须掌握的知识点为内容主体，结合高等职业院校学生的特点、培养体系的要求，对教材内容进行了合理的选取，同时还加入了"素养园地"栏目，以培养学生爱岗敬业、虚心细心和爱国向上的优良品质。

　　本书遵循推进教育数字化，建设全民终身学习的学习型社会、学习型大国的理念，立体开发——本书进行立体化教材建设，符号"互联网+职业教育"发展需求，本书在"日照职业技术学院在线教学平台"设立了网络配套课程，读者可在线学习：https://course. rzpt. cn/front/kcjs. php？ course_id＝2105。

　　本书建议每个任务分配2个课时，教师可根据具体情况进行删减，总课时在**64~76**为宜。

本书编写团队共七人，主编赵军（副教授、一级建造师，日照职业技术学院），从事平法识图教学多年，先后指导学生获得"建筑工程识图"全国职业院校技能大赛一等奖两项、二等奖两项，"建筑工程识图"省级赛事一等奖若干；主编马方兴（讲师、一级结构师，日照职业技术学院），指导学生多次获得山东省"技能兴鲁"职业技能大赛一等奖；副主编赵倩（博士，潍坊工程职业学院），教研室主任，主持及参与省级课题三项、市厅级课题三项；副主编杨南（讲师、枣庄市技术能手，枣庄职业学院），省级精品在线课程"钢筋平法识图与工程量计算"主持人，先后指导学生获得"建筑工程识图"山东省职业院校技能大赛一等奖两项；其余参加编写的人员还有周立军（教授、一级建造师）、陈晓文（讲师、二级建造师）、刘永坤（教授、一级建造师），三人均为日照职业技术学院教师。

本书编写过程中，得到了源助教科技有限公司的大力支持，在此表示感谢。

由于作者水平有限，书中不足之处在所难免，敬请广大读者多提宝贵意见，以便进一步完善。

编　者

微课类资源列表

页码	二维码	页码	二维码
10	基础的分类	24	独立基础底板配筋长度计算示例
10	独立基础的分类	26	柱的分类
12	独立基础平面注写方式	27	柱截面注写方式
13	独立基础平法施工图的表示方法	28	柱列表注写方式
13	独立基础截面注写方式	35	框架柱基础内箍筋根数计算示例
24	独立基础底板配筋根数计算示例	35	柱嵌固部位箍筋根数计算

（续）

页码	二维码	页码	二维码
35	柱纵向钢筋基础插筋长度计算示例	92	楼梯的分类
43	框架柱小箍筋长度计算示例	96	板式楼梯平面注写方式-集中标注
43	框架柱大箍筋长度计算示例	96	板式楼梯平面注写方式-外围标注
73	剪力墙的组成		

三维模型类资源列表

页码	二维码	页码	二维码
10	普通阶形独立基础	32	柱纵向钢筋绑扎连接构造
12	杯口独立基础	32	柱纵向钢筋机械连接构造
12	杯口坡形	32	柱纵向钢筋焊接连接构造
18	平板式筏形基础:端部无外伸构造	35	柱纵向钢筋在基础中的构造
21	承台	35	嵌固部位箍筋根数构造
22	灌注桩通长截面配筋构造	35	中柱

（续）

页码	二维码	页码	二维码
39	边柱柱顶锚固节点	57	梁侧钢筋
39	角柱柱顶锚固节点	59	非框架梁节点
42	柱箍筋上下构造	63	梁的悬挑端节点
45	梁的分类	70	板支座负筋
46	梁集中标注	70	板底纵筋
48	原位标注	70	板面分布筋
52	梁上部纵筋	70	板面贯通筋
55	梁下部纵筋	73	剪力墙的组成

（续）

页码	二维码	页码	二维码
76	剪力墙结构	93	AT 型板式楼梯
83	剪力墙屋面连梁钢筋构造	93	BT 型板式楼梯
85	墙身竖向钢筋顶部构造	94	CT 型板式楼梯
85	剪力墙墙身基础插筋锚固构造	94	DT 型板式楼梯
86	剪力墙水平钢筋构造	97	AT 楼梯钢筋构造

目　录

模块一　平法基础知识

任务一　识读结构说明

学习目标：

【知识目标】

掌握建筑结构施工图的制图规则。

【能力目标】

能够准确、快速地识读建筑结构施工图的总体信息。

【重点】

结构类型、标高和建筑分类等级等。

【难点】

1. 建筑分类等级及对应的含义。

2. 标高：标高的作图要求。

3. 方向：如何区别 x 向和 y 向。

4. 层号：建筑层号和结构层号的关系。

任务简介：

以本书配套图纸为基础，本任务主要讲解结构说明中，结构设计所采用的依据及规则。通过学习，掌握识读结构说明的能力。

结构说明是图纸的重要组成部分，在识读图纸前，务必详细地识读结构说明，从整体上把握整套图纸的信息环境。例如建筑所在的位置、环境状况，以及影响结构性能的因素等，尤其是建筑对抗震的设置要求主要体现在哪些方面。同时，对后续学习中要用到的一些分类等级、标高、方向和层号等概念有较深入的理解。

课前掌握：

查阅配套图纸的《结构说明》，了解结构说明包含哪些内容；查询"平法（混凝土结构施工图平面整体表示方法）"的由来；填写预习单。

知识点一　结构形式

1. 框架结构（图 1-1）

框架结构由梁、柱以钢筋连接而成，构成承重体系的结构。框架结构的房屋墙体不承重，仅起到围护和分隔作用，一般用预制的加气混凝土、膨胀珍珠岩、空心砖或多孔砖等轻质板材砌筑或装配而成。

2. 剪力墙结构（图 1-2）

剪力墙结构是一种用钢筋混凝土墙板来代替框架结构中的梁、柱，能承担由各类荷载引起的内力，并能有效控制结构的水平力的结构形式。随着土地资源的减少，建筑往纵向发展已成为趋势，越来越高的建筑对安全、可靠性提出了更高的要求，剪力墙结构以出众的安全、可靠性，在高层结构中得到了广泛应用。

与剪力墙相关的结构形式还有框架-剪力墙结构、框筒结构、框架核心筒结构和筒中筒结构等。

图 1-1　框架结构

图 1-2　剪力墙结构

知识点二　设计依据

结构设计依据主要包括：主体结构设计使用年限、自然条件、土地勘察报告、相关的批复文件、荷载和采用的国家规范等。

与平法相关的规范、图集举例如下：

1)《中国地震动参数区划图》（GB 18306—2015）。

2)《混凝土结构设计规范》（GB 50010—2010）（以下简称"《结构规范》"）。

3)《建筑抗震设计规范》（GB 50011—2010）（以下简称"《建筑抗震规范》"）。

4)《高层建筑混凝土结构技术规范》（JGJ 3—2010）。

5)《建筑结构制图标准》（GB/T 50105—2010）。

6)《混凝土结构施工图平面整体表示方法制图规则和构造详图（现浇混凝土框架、剪力墙、梁、板）》（22G101—1）（以下简称"22G101—1"）。

7)《混凝土结构施工图平面整体表示方法制图规则和构造详图(现浇混凝土板式楼梯)》(22G101—2)(以下简称"22G101—2")。

8)《混凝土结构施工图平面整体表示方法制图规则和构造详图(独立基础、条形基础、筏形基础、桩基础)》(22G101—3)(以下简称"22G101—3")。

【讨论与思考】　试分析建筑场地的地面粗糙度分类。

【解析】《建筑抗震规范》中明确规定,建筑场地类别应根据土层等效剪切波速度和场地覆盖层厚度按标准判定,地面粗糙度可分为A、B、C、D四类:

1)A类是指近海海面和海岛、海岸、湖岸及沙漠地区。

2)B类是指田野、乡村、丛林、丘陵以及房屋比较稀疏的乡镇和城市郊区。

3)C类是指有密集建筑群的城市市区。

4)D类是指有密集建筑群且房屋较高的城市市区。

知识点三　标高、层号和方向

1. 标高和层号

结构图纸应注明地下和地上各层的结构层楼地面标高、结构层高及相应的层号。

为使建筑层号和结构层号对应统一,以保证各结构部位的竖向定位,结构施工图一般从二层开始绘制(即没有一层结构施工图),或者使用标高的形式命名图纸。

2. 方向

在图集中,会有 x 和 y 两个方向的表示。

x 一般表示切向,y 一般表示径向。而多数情况下,平面图中 x 向一般是指水平方向,y 向是指竖直方向。

知识点四　建筑分类等级

建筑分类等级主要包括:安全等级、地基基础设计等级、建筑抗震设防类别、地下室防水等级、人民防空工程等级、耐火等级、抗震等级和环境分类等。

安全等级是指建筑结构破坏后的严重程度,比如危及人的生命、造成的经济损失和产生的社会影响等,共分为三级。在设计时,按照安全等级,结构的安全系数可取1.1、1.0和0.9,对应的构件尺寸、材料等级和用量等都会相应地变化。

抗震等级一般从设防类别、地震烈度、结构类型和房屋高度等方面考虑。抗震等级会影响到钢筋锚固长度、钢筋搭接长度以及箍筋加密等方面。

【素养园地】　**面对复杂的建筑环境,不断进步,攻克难关,做一流的建筑人**

广州塔,俗称"小蛮腰"。其塔身主体高度450m,天线桅杆高度150m,总高度达600m,目前是中国第一、世界第三的旅游观光塔。广州塔的特点是结构超高、造型奇特、形体复杂、用钢量较多,施工难度很大。建设者采用了当代最优秀的工程设计和最新的施工技术,把一万多个倾斜的且大小规格不同的钢构件精确地安装成挺拔高耸的建筑作品,改写了多项历史纪录,是21世纪建筑史的一个新的里程碑。广州塔的建成解决了焊接量大、高空作业以及三维精度控制方面的世界级施工技术难题。

你还知道我们国家有哪些著名的高层建筑吗?

任务二 识读主体材料

学习目标:

【知识目标】

1. 了解主体材料基本知识。

2. 掌握钢筋加工方式。

3. 掌握钢筋连接方式。

【能力目标】

能够识读施工图中钢筋和混凝土的信息、混凝土保护层厚度、钢筋加工和连接的方式。

【重点】

钢筋、混凝土信息获取。

【难点】

1. 混凝土信息:如何获取混凝土信息?混凝土保护层厚度如何确定?

2. 钢筋信息:如何获取钢筋信息?

3. 钢筋锚固和钢筋弯钩:钢筋锚固长度和加工方式的确定。

4. 钢筋连接:钢筋连接方式有哪几种?如何选取。

任务简介:

以配套图纸为基础,本任务主要讲解结构说明中钢筋、混凝土等材料的信息,钢筋弯钩、钢筋连接等做法,以及局部的一些钢筋构造。

课前掌握:

查阅《结构规范》和《建筑材料》教材,复习钢筋和混凝土的材料性能知识。

知识点一 混凝土

1. 强度等级

混凝土强度等级用"C"表示,如 C30 表示混凝土的立方体抗压强度为 30MPa。

2. 混凝土保护层厚度

混凝土保护层厚度是指钢筋最外缘至构件最外缘的距离,梁构件混凝土保护层厚度如图 1-3 所示、柱混凝土保护层厚度如图 1-4 所示。

钢筋容易受到外界环境的影响,尤其是受水和其中的腐蚀性物质的影响,因此,设置合理的混凝土保护层尤为重要。不仅如此,为了保证混凝土可以有效地包裹住钢筋,以及施工时混凝土浇筑过程中的混凝土流动性,混凝土保护层厚度也不宜太小。图集 22G101—1 中第 57 页,关于混凝土保护层厚度有详细的要求,详见表 1-1 和表 1-2。表 1-2 中的数值适用于设计年限为 50 年的建筑;构件中受力钢筋的混凝土保护层厚度不得小于钢筋的公称直径;一类环境中,设计年限为 100 年的建筑最外层钢筋的混凝土保护层厚度不得小于表中值的 1.4 倍,二类、三类环境中的建筑应采取专门的有效措施;混凝土等级不大于 C25 时,混凝土保护层厚度加 5mm；基础的混凝土保护层厚度，有垫层时从垫层顶算起，且不得小于 40mm。

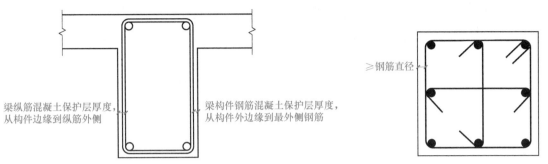

图 1-3 梁构件混凝土保护层厚度   图 1-4 柱混凝土保护层厚度

表 1-1 混凝土结构的环境类别

环境类别	条件
一	室内干燥环境 无侵蚀性静水浸没环境
二 a	室内潮湿环境 非严寒和非寒冷地区的露天环境 非严寒和非寒冷地区与无侵蚀性的水或土壤直接接触的环境 严寒或寒冷地区的冰冻线以下与无侵蚀性的水或土壤直接接触的环境
二 b	干湿交替环境 水位频繁变动环境 严寒和寒冷地区的露天环境 严寒和寒冷地区冰冻线以上与无侵蚀性的水或土壤直接接触的环境
三 a	严寒和寒冷地区冬季水位变动区环境 受除冰盐影响环境 海风环境
三 b	盐渍土环境 受除冰盐作用环境 海岸环境
四	海水环境
五	受人为或自然的侵蚀性物质影响的环境

表 1-2 混凝土保护层厚度的最小值 （单位：mm）

环境类别	板、墙	梁、柱
一	15	20
二 a	20	25

（续）

环境类别	板、墙	梁、柱
二 b	25	30
三 a	30	40
三 b	40	50

知识点二 钢筋

1. 钢筋种类

钢筋种类见表1-3。为了保证结构的安全，构件的主要受力钢筋必须采用 HRB400 以上牌号钢筋，用于吊环、吊钩等的钢筋不得采用冷加工。

表 1-3 钢筋类别

类别	名称			
	HPB300	HRB335	HRB400	HRB500
钢筋强度	Φ	Φ（22G101 系列图集已删除此等级）	Φ	Φ
加工方式	热轧	冷拉	冷拔	—
外形	光圆	带肋	—	—
受力特点	构造钢筋	受力钢筋	—	—

2. 受拉钢筋的锚固和弯钩

钢筋混凝土结构中的钢筋能够受力，主要是依靠钢筋和混凝土之间的黏结锚固作用，因此钢筋的锚固是混凝土结构受力的基础。如锚固失效，则结构将丧失承载能力并由此导致结构破坏。

为了将各构件锚固在相应的支座上，需要把钢筋深入支座一定的长度，这个长度即为锚固长度。锚固长度的具体数值可以根据抗震等级、混凝土等级、钢筋等级以及所处环境查阅相关表格得到。从形状看，钢筋锚固有直锚和弯锚；钢筋锚固按抗震的分类见 22G101 系列图集。

如图 1-5 所示，在直锚不够时，钢筋也可以采用弯锚，钢筋进行弯钩加工时，钢筋弯折的弯弧内直径 D 应遵守下列要求：

1）对于光圆钢筋，不应小于钢筋直径的 2.5 倍。

2）对于 400MPa 带肋钢筋，不应小于钢筋直径的 4 倍。

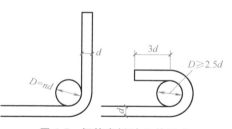

图 1-5 钢筋弯折时 D 的要求

3）对于 500MPa 带肋钢筋，当直径 $d \leqslant$ 25mm 时，不应小于钢筋直径的 6 倍；当直径 $d > 25$mm 时，不应小于钢筋直径的 7 倍。

4）位于框架结构顶层端节点处的梁上部纵向钢筋和柱外侧纵向钢筋，在节点角部弯折处，当钢筋直径 $d \leqslant 25$mm 时，不应小于钢筋直径的 12 倍；当直径 $d > 25$mm 时，不应小于钢筋直径的 16 倍。

5）箍筋弯折处尚不应小于纵向受力钢筋直径；箍筋弯折处纵向受力钢筋为搭接或并筋时，应按钢筋实际排布情况确定箍筋弯弧内直径。

3. 钢筋间距

为了保证混凝土浇筑顺畅，钢筋与混凝土能更好地结合和工作，钢筋之间应保持一定间距，具体做法如图 1-6 和图 1-7 所示。另外，柱纵筋净间距均不小于 50mm。

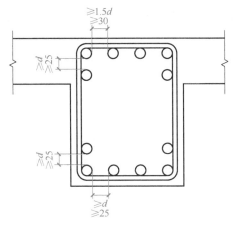

图 1-6　梁纵筋净间距（箍筋弯钩省略）

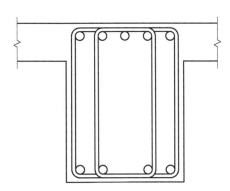

图 1-7　不等间距的纵筋布置（箍筋弯钩省略）

4. 钢筋连接

因施工和加长的需要，钢筋施工时有时需要连接，以保证构件钢筋的连续性。钢筋的连接有三种形式，绑扎、焊接和机械连接。每种连接方式的使用条件不同，施工时应合理选用，结构说明中有指定时以图纸为准，三种钢筋连接形式的优（缺）点见表 1-4。

钢筋连接长度用 L_l 和 L_{lE} 表示，计算公式为 $L_l = \xi L_a$，$L_{lE} = \xi L_{aE}$；其中 ξ 是钢筋接头面积百分率所对应的系数，见表 1-5。若接头面积百分率不在表 1-5 中，可采用内插值法求得。L_l 和 L_{lE} 可在 22G101 系列图集或施工图纸中直接查询。

表 1-4　三种钢筋连接形式的优（缺）点

	优点	缺点	适用钢筋
绑扎	施工简单,受环境影响小;无火作业,施工较安全	造价高,连接质量不好	一般用于直径较小的钢筋、非受力筋;可用于受力较小的部位或构件
焊接	连接效果好,造价低	焊接对钢筋材质有一定影响,有火作业,对安全要求较高	一般用于较大直径钢筋
机械连接	连接效果好,大直径钢筋优先选用,无火作业	小直径钢筋不太适合	一般用于较大直径钢筋和大直径钢筋

表 1-5　钢筋接头面积百分率所对应的系数

接头面积百分率	25%	50%	100%
ξ	1.2	1.4	1.6

【素养园地】 **我国建筑材料进步迅速，实现了绿色健康、节能环保的高质量发展**

随着大众居住理念的改变，人们对建筑功能的要求日趋多样性。建筑材料作为建筑的基本元素，必须适应这一发展要求，除具备基本性能之外，绿色健康、节能省耗、适宜舒适等多样性功能逐渐被综合其中。

绿色建筑材料指的是在对环境起到有益作用或对环境负荷很小的情况下，在使用过程中能满足舒适、健康要求的建筑材料。绿色建筑材料首先要保证其在使用过程中是无害的，并在此基础上实现净化及改善环境的功能。根据其作用，绿色建筑材料可分为抗菌材料，净化空气材料，防噪声、防辐射材料和产生负离子材料。

抗菌材料的作用机理是抑制微生物的生长。我国在抗菌材料领域已开发了保健抗菌釉面砖、纳米复合耐高温抗菌材料、抗菌卫生陶瓷和稀土激活保健抗菌净化功能材料等；此外，还制定出台了一系列抗菌材料的行业标准，如《抗菌陶瓷制品抗菌性能》（JC/T 897—2014）、《建筑用抗细菌塑料管抗细菌性能》（JC/T 939—2004）等。

建筑物的节能是世界各国建筑学、建筑技术、材料学和空调技术研究的重点和方向，目前我国已经制定出台了相应的建筑节能设计标准，并对建筑物的能耗做出了相应的规定。

模块二　基础识读及钢筋构造

任务一　识读独立基础注写

学习目标：

【知识目标】

1. 掌握独立基础的类别。

2. 掌握独立基础的平面注写方式。

【能力目标】

具备识读独立基础的能力。

【重点】

独立基础注写。

【难点】

1. 阶形独立基础和坡形独立基础的区别。

2. 独立基础截面法和列表法的对比及应用。

3. 独立基础信息提取的技巧。

任务简介：

通过配套图纸，认识独立基础。结构施工图上呈现的内容和平法有所不同，读者应灵活识读。在识读独立基础注写时，应分析独立基础图纸包含的内容和信息，做到整体性的掌握，尤其是基础图纸中单独的结构说明，不可忽略。

课前掌握：

查阅 22G101—3 图集，以及配套的基础施工图，掌握基础图纸的组成。

引入案例

独立基础注写示意图如图 2-1 所示。

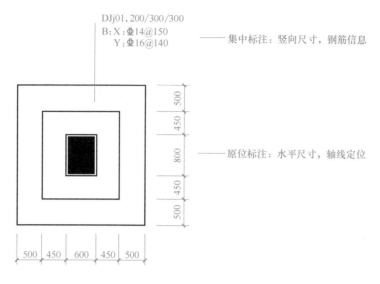

图 2-1 独立基础注写示意

知识点一 基础分类

基础的分类
（微课）

1）基础按使用的材料分为灰土基础、砖基础、毛石基础、混凝土基础、钢筋混凝土基础。

2）基础按埋置深度可分为浅基础、深基础。埋置深度不超过 5m 的称为浅基础，大于 5m 的称为深基础。

3）基础按受力性能可分为刚性基础和柔性基础。

4）基础按构造形式可分为独立基础、条形基础、筏形基础和桩基础等。

基础的类型众多，结合 22G101—3 图集，主要类型有：

1. 独立基础（图 2-2）

当建筑物上部结构采用框架结构或单层排架结构时，基础常采用方形或矩形的独立式基础，这类基础称为独立式基础。独立式基础是柱下基础的基本形式，是扩大形式。

当柱采用预制构件时，基础做成杯口形，然后将柱子插入并嵌固在杯口内，故称为杯口基础。

2. 条形基础（图 2-3）

普通阶形
独立基础
（三维模型）

图 2-2 独立基础

图 2-3 条形基础

独立基础
的分类
（微课）

当建筑物上部结构采用墙承重时，基础沿墙身设置，多做成长条形，这类基础称为条形基础或带形基础，是墙承式建筑基础的基本形式。

3. 筏形基础（图 2-4）

当建筑物上部荷载较大，而地基又较弱，这时采用简单的条形基础或井格基础已不能适应地基变形的需要，通常将墙或柱下基础连成一片，使建筑物的荷载落在一块整板上，成为筏形基础。筏形基础有平板式和梁板式两种。

图 2-4 筏形基础

4. 桩基础

桩是一种细长的柱体，打入或用其他方法沉入土中，然后由承台连接，成为桩基础。本书中只涉及灌注桩和扩底灌注桩的讲解。

知识点二 规范选读

1. 材料要求

混凝土宜采用 C20、C25、C30 或更高强度等级，且根据相应的环境类别、结构类型进行调整。基础受力钢筋宜采用 HRB400 牌号，构造钢筋也可采用 HPB300 牌号。

基础底部的钢筋混凝土保护层厚度应从垫层顶面开始算起，且不应小于 40mm；无垫层时，不应小于 70mm。

2. 结构要求

地基基础设计结构要求见表 2-1。

表 2-1 地基基础设计结构要求

项目	规范选取(部分)	出处
地基基础设计等级	1. 甲级：重要建筑物 2. 乙级：除甲级外的建筑物 3. 丙级：简单的或次要的轻型建筑物	《建筑地基基础设计规范》（GB 50007—2011）表 3.0.1
地基基础设计所需材料	1. 岩土工程勘察报告：主要包括场地稳定性、地层结构、地下水、场地类别、设计方案、支护和降水等 2. 钻探取样、试验等检测报告	《建筑地基基础设计规范》（GB 50007—2011）第 3.0.4 节

【讨论与思考 1】 30 层以上的高层建筑，地基基础设计等级采用哪个级别？

知识点三　独立基础钢筋类别

1）基础底板钢筋：底板钢筋网片是基础中用于抵抗弯矩的受力钢筋，是双向受力布置的钢筋。

2）基础顶部钢筋：有抗拉、抗剪和均匀承受荷载的作用。

知识点四　平面注写方式

当绘制独立基础平面布置图时，应将独立基础平面与基础所支承的柱一起绘制。当设置基础联系梁时，可根据图面的疏密情况，将基础联系梁与基础平面布置图一起绘制，或将基础联系梁布置图单独绘制。

独立基础平面
注写方式
（微课）

在独立基础平面布置图上应标注基础定位尺寸；当独立基础的柱中线或杯口中心线与建筑轴线不重合时，应标注其定位尺寸。编号相同且定位尺寸相同的基础，可仅选择一个进行标注。

独立基础注写有平面注写与截面注写两种方式。其中，平面注写方式又包括集中标注与原位标注两部分的内容。

1. 集中标注

1）独立基础集中标注编号见表 2-2（必注内容）。

表 2-2　独立基础集中标注编号

类型	基础底板截面形状	代号	序号
普通独立基础	阶形	DJ_j	××
	坡形	DJ_p	××
杯口独立基础	阶形	BJ_j	××
	坡形	BJ_p	××

2）注写独立基础截面竖向尺寸（必注内容）。

① 如图 2-5 所示的阶形截面普通独立基础，其竖向尺寸由一组用"/"隔开的数字表示，比如：$h_1/h_2/\cdots/h_n$，分别表示自下而上的各阶的高度。当基础为单阶时，其竖向尺寸仅为一个，即为基础总高度。

杯口独立
基础
（三维模型）

杯口
坡形
（三维模型）

② 如图 2-6 所示，当基础为坡形截面时，其竖向尺寸注写方式为 h_1/h_2。

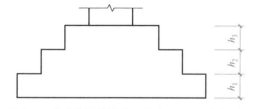

图 2-5　阶形截面普通独立基础（DJ_j）竖向尺寸

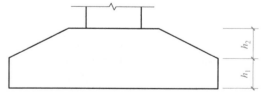

图 2-6　坡形截面普通独立基础（DJ_p）竖向尺寸

【例 2-1】　"DJ_j01，250/300/300"表示阶形截面普通独立基础，自下而上的各阶高度为 250mm、300mm、300mm。

【例 2-2】 当坡形截面普通独立基础 DJ_p 的竖向尺寸注写为 "350/300" 时，表示 $h_1 = 350mm$、$h_2 = 300mm$，基础底板总高度为 650mm。

【讨论与思考 2】 杯口独立基础适用于什么类型的柱?

3) 注写独立基础配筋（必注内容）。注写独立基础底板配筋时，普通独立基础和杯口独立基础的底部双向配筋注写规定如下：

① 以 B 代表各种独立基础底板的底部配筋。

② x 向配筋以 X 打头、y 向配筋以 Y 打头注写；当两向配筋相同时，则以 X&Y 打头注写。

【例 2-3】 独立基础底板配筋标注为 "B：X Φ 18@ 150，Y Φ 16@ 200，" 表示基础底板底部配置 HRB400 钢筋，x 向钢筋直径为 18mm，间距为 150mm；y 向钢筋直径为 16mm，间距为 200mm。

4) 注写基础底面标高（选注内容）。当独立基础的底面标高与基础底面基准标高不同时，应将独立基础底面标高直接注写在 "（   ）" 内。

5) 必要的文字注解（选注内容）。当独立基础的设计有特殊要求时，宜增加必要的文字注解。例如，基础底板配筋长度是否采用减短方式等，可在该项内注明。

独立基础平法施工图的表示方法（微课）　　独立基础截面注写方式（微课）

2. 原位标注

在基础平面布置图上标注独立基础的平面尺寸。对相同编号的基础，可选择一个进行原位标注；当平面图形较小时，可将选定的进行原位标注的基础按比例适当放大；其他相同编号的仅注编号。

其他注写方式和平面注写法类似。

┌───┐
【素养园地】　**墙高基下，虽得必失**

《后汉书·列传·郭符许列传》有言："墙高基下，虽得必失。"释义：高耸的大墙，其基础却十分低矮，这样的墙虽然建成了，但一定会倒塌。墙高基下，也形容名位虽高而才德低下的人。才德为立人之本，即便某人有一天获得了巨大的成功，但是没有相应的才德匹配，对社会的影响恐怕是负面的。

《菜根谭·概论》有言："心者修裔之根，未有根不植而枝叶荣茂者。"释义：心是修身的根本，根扎不好，怎么可能枝繁叶茂？

《菜根谭·概论》有言："德者事业之基，未有基不固而栋宇坚久者。"释义：德行是事业的基础，就像盖房子打地基一样，地基不牢固，高楼大厦很难坚固持久。

古人都这么说，想必是有道理的。
└───┘

任务二　识读条形基础注写

学习目标：

【知识目标】

1. 了解条形基础的组成。

2. 知道条形基础的注写方法。

【能力目标】

具备识读条形基础的能力。

【重点】

条形基础注写方法。

【难点】

1. 条形基础的组成。

2. 条形基础与独立基础注写方式的不同点。

⯮ 任务简介:

通过配套图纸，认识条形基础，识读懂图纸中的信息。在学习过程中注意将条形基础和独立基础进行对比。

需要注意的是，条形基础内包含基础梁构件，可在学习完框架梁模块后再回头学习，其注写方式有许多相似的地方。

因篇幅及知识深度问题考虑，条形基础钢筋构造不再讲述，有兴趣的读者可自行学习。

⯮ 课前掌握:

查阅 22G101—3 图集，以及配套的基础施工图，了解条形基础施工图纸的组成。

⯮ 引入案例

条形基础注写示意图如图 2-7 所示。

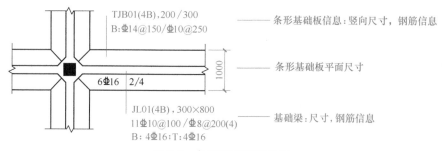

图 2-7　条形基础注写示意

条形基础有板式条形基础和梁板式条形基础两种。条形基础平法施工图，有平面注写与截面注写两种表达方式。本书以梁板式条形基础的平面注写为例进行讲解。

知识点一　条形基础识读

一、编号

条形基础编号见表 2-3，其他符号以施工图纸为准。

二、条形基础底板

以 B 打头，注写条形基础底板底部的横向受力钢筋；以 T 打头，注写条形基础底板顶部的横向受力钢筋；注写时，用"/"分隔条形基础底板的横向受力钢筋与纵向分布钢筋。

表 2-3　条形基础编号

类型		代号	序号	跨数及外伸
基础梁		JL	××	(A)—一端外伸 (B)两端外伸
条形基础底板	坡形	TJB_p	××	
	阶形	TJB_j	××	

三、基础梁

1. 集中标注

基础梁编号、截面尺寸、配筋三项为必注内容，基础梁底面标高（与基础底面基准标高不同时）和必要的文字注解两项为选注内容。具体规定如下：

1）注写基础梁编号（必注内容）。

2）注写基础梁截面尺寸（必注内容）。

3）注写基础梁配筋（必注内容）。

4）当基础底面标高不同时，需注明与基础底面基准标高不同之处的范围和标高。

5）当梁板式基础的梁中心或板式条形基础的板中心与建筑定位轴线不重合时，应标注其定位尺寸；对于编号相同的条形基础，可仅选择一个进行标注。

2. 原位标注

集中标注的某项数值不适用于基础梁的某部位时，可将该项数值采用原位标注形式进行标注，施工时以原位标注优先。

知识点二　条形基础抄绘

条形基础的抄绘按绘图比例进行即可，绘制要求参见"建筑制图"课程或建筑设计规范。抄绘时应注意规范中的隐含条件，柱的四角距离基础梁边的尺寸一般为 50mm。

以图 2-7 为例，条形基础抄绘评分准则见表 2-4。

表 2-4　条形基础抄绘评分准则

项目	内容	分值	打分
图名	TJ01，1∶20	1分，错漏不得分	
条形基础板轮廓	1000mm	1分，画错不得分	
TL 轮廓	300mm	1分，画错不得分	
柱角距离梁边	50mm	1分，画错不得分	
TJB 标注信息	参考图形	2分，错漏不得分	
TL 标注信息	参考图形	2分，错漏不得分	
画面整洁度	画面干净，线条清晰等	2分，以规范为准	
总分			

任务三　识读筏形基础注写

学习目标：

【知识目标】

1. 了解筏形基础的类型。

2. 了解筏形基础梁和平板的位置关系。

3. 掌握梁板式筏形基础的注写。

4. 掌握平板式筏形基础的注写。

【能力目标】

具备识读各类筏形基础的能力。

【重点】

平板式筏形基础的注写。

【难点】

1. 筏形基础的类型。

2. 不同筏形基础的应用。

3. 梁板式筏形基础识读。

4. 平板式筏形基础识读。

5. 两种不同类型注写方式的对比。

任务简介：

通过配套图纸，能够识读筏形基础，了解它的类型、钢筋组成等。

本任务仍然只讲述筏形基础的识读，具体钢筋构造可通过22G101—3自行学习。

筏形基础作为重要的基础类型，应用越来越广泛，但由于实际应用变化较多，初学者可以平板式筏形基础为主进行学习。

课前掌握：

查阅22G101—3图集，以及配套的基础施工图，掌握筏形基础图纸的组成。筏形基础主要分为梁板式筏形基础和平板式筏形基础。

知识点一　梁板式筏形基础平面注写

1. 梁板式筏形基础的一般规定

1）梁板式筏形基础采用平面注写方式进行表达。

2）当绘制基础平面布置图时，应将梁板式筏形基础与其所支承的柱、墙一起绘制。梁板式筏形基础以多数相同的基础平板底面标高作为基础底面基准标高。当基础底面标高不同时，需注明与基础底面基准标高不同之处的范围和标高。

3）如图2-8所示，通过选注基础梁底面与基础平板底面的标高高差来表达两者间的位置关系，可以明确其"高板位"（梁顶与板顶持平）、"低板位"（梁底与板底持平）以及

"中板位"（板在梁的中部）三种不同位置组合的筏形基础，以方便设计表达。

【讨论与思考3】 不同板位的筏形基础的受力特点有什么不同之处。

4）对于轴线未居中的基础梁，应标注其定位尺寸。

2. 梁板式筏形基础构件编号

梁板式筏形基础构件编号见表2-5。

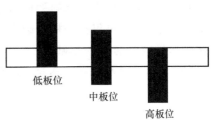

图 2-8 筏形基础板位

表 2-5 梁板式筏形基础构件编号

构件类型	代号	序号	跨数及有无外伸
基础主梁（柱下）	JL	××	(××) 或 (××A) 或 (××B)
基础次梁	JCL	××	(××) 或 (××A) 或 (××B)
梁板式筏形基础平板	LPB	××	

注：1. （××A）为一端有外伸，（××B）为两端有外伸，外伸不计入跨数。

2. 梁板式筏形基础平板的跨数及是否有外伸分别在 x、y 两向的贯通纵筋之后表达。图面从左至右为 x 向，从下至上为 y 向。

3. 梁板式筏形基础主梁与条形基础梁的编号与标准构造详图一致。

3. 梁板式筏形基础平板（LPB）的平面注写

（1）梁板式筏形基础平板的集中标注

1）注写平板的编号。

2）注写基础平板的截面尺寸。注写 "$h=×××$" 表示板厚。

3）注写基础平板的底部与顶部贯通纵筋及其总长度。

先注写 x 向底部（B 打头）贯通纵筋与顶部（T 打头）贯通纵筋及纵向长度范围；再注写 y 向底部（B 打头）贯通纵筋与顶部（T 打头）贯通纵筋及纵向长度范围。

贯通纵筋的总长度注写在括号中，注写方式为"跨数及有无外伸"，其表达形式为（××）（无外伸）、（××A）（一端有外伸）或（××B）（两端有外伸）。

【讨论与思考4】 基础平板的跨数如何计算？

【解析】 基础平板的跨数以构成柱网的主轴线为准；两主轴线之间无论有几道辅助轴线（例如框筒结构中混凝土内筒中的多道墙体），均可按一跨考虑。

（2）梁板式筏形基础平板的原位标注（主要表达板底部附加非贯通纵筋）

1）注写位置：在配置相同跨的第一跨表达（当在基础梁悬挑部位单独配置时，则在原位表达）；在配置相同跨的第一跨（或基础梁外伸部位）的垂直于基础梁处绘制一段中粗虚线，在虚线上注写编号（如①、②等）、配筋值、横向布置跨数及是否布置外伸。

2）注写内容：板底部附加非贯通纵筋向两边跨内的伸出长度值注写在线段的下方位置，当该筋向两侧对称伸出时，可仅在一侧标注，另一侧不注；当布置在边梁下时，向基础平板外伸部位一侧的伸出长度与伸出方式按标准构造要求取值，设计时不注；底部附加非贯通筋相同的，可仅注写一处，其他只注写编号。

3）注写修正内容：当集中标注的某些内容不适用于梁板式筏形基础平板某板区的某一板跨时，应由设计人员在该板跨内注明，施工时应按注明内容取用。

4）当若干基础梁下基础平板的底部附加非贯通纵筋配置相同时（其底部、顶部的贯通纵筋可以不同），可仅在一根基础梁下做原位注写，并在其他梁上注明"该梁下基础平板底部附加非贯通纵筋同××基础梁"。

【例2-4】 梁板式筏形基础平板的识读（图2-9）。

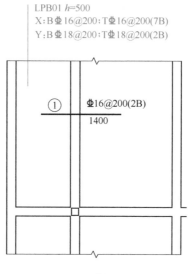

图 2-9 例 2-4 图

【解】 例2-4识读见表2-6。

表 2-6 例 2-4 识读

图示符号	含 义
LPB01	编号：梁板形筏形基础平板，编号01
$h = 500$	基础平板厚度500mm
X：B Φ 16@ 200	x向：底部贯通纵筋 HRB400，直径16mm，按间距200mm布置
X：T Φ 16@ 200(7B)	x向：顶部贯通纵筋为 HRB400，直径16mm，按间距200mm布置；共7跨，两端悬挑
Y：B Φ 18@ 200 Y：T Φ 18@ 200(2B)	y向：底部和顶部均布置HRB400、直径为18mm的纵筋，间距均为200mm，共两跨，两端悬挑
①Φ 16@ 200,1400	支座负筋，编号为1，HRB400钢筋，直径为16mm，间距200mm，每边伸出长度1400mm，共2800mm

知识点二　平板式筏形基础平面注写

1）平板式筏形基础构件的类型与编号见表2-7。

表 2-7 平板式筏形基础构件的类型与编号

构件类型	代号	序号	跨数及有无外伸
柱下板带	ZXB	××	(××)或(××A)或(××B)
跨中板带	KZB	××	(××)或(××A)或(××B)
平板式筏形基础平板	BPB	××	

平板式筏形
基础：端部
无外伸构造
（三维模型）

2）柱下板带、跨中板带的集中标注（选学）。

① 注写编号，见表2-7。

② 注写截面尺寸，注写 $b=\times\times\times\times$ 表示板带宽度（在图注中注明基础平板厚度）。当柱下板带宽度确定后，跨中板带宽度亦随之确定（即相邻两平行柱下板带之间的距离）；当柱下板带中心线偏离柱中心线时，应在平面图上标注其定位尺寸。

③ 注写底部与顶部贯通纵筋。注写底部贯通纵筋（B打头）与顶部贯通纵筋（T打头）的规格与间距，用分号"；"将其分隔开。柱下板带的柱下区域，通常在其底部贯通纵筋的间隔内插空设有（原位注写）底部附加非贯通纵筋。

3）柱下板带与跨中板带原位标注的内容同梁板式筏形基础平板。

4）平板式筏形基础平板（BPB）的平面注写方式除了满足柱下板带与跨中板带的平面注写方式的要求外，还要满足：当某方向底部贯通纵筋或顶部贯通纵筋的配置，在跨内有两种不同间距时，先注写跨内两端的第一种间距，并在前面加注纵筋根数（以表示其分布的范围）；再注写跨中部的第二种间距（不需加注根数）；两者用"/"分隔。

任务四　识读承台与桩基础注写

学习目标：

【知识目标】

1. 了解承台的形状及作用。

2. 了解桩基础的类型及作用。

3. 掌握承台注写。

4. 掌握桩基础注写。

【能力目标】

具备识读承台与桩基础的能力。

【重点】

承台与桩基础注写。

【难点】

1. 桩基础的作用。

2. 承台的作用。

3. 承台和独立基础注写的区别。

4. 桩基础平面注写和列表注写的关联。

5. 图纸上桩基础其他信息的提取。

任务简介：

通过配套图纸，认识承台与桩基础。在提取承台与桩基础信息的时候，要注意结构说明和基础说明应结合起来识读。有些较复杂或者特殊的构件可能出现在详图中，不可忽略。

本任务只讲述现浇钢筋混凝土桩，其他形式的桩基础同学们可自行搜集资料并学习。

▶▶ **课前掌握：**

查阅22G101—3图集，以及配套的基础施工图，掌握基础图纸中承台和桩基础的信息。

知识点一 承台

1. 承台

承台是上部构件和桩之间的连接构件。承台厚度为1.5~3.0m，混凝土强度等级可采用C15~C25。承台形状多样，有矩形、三角形、多边形等形状，如图2-10、图2-11所示。

图2-10 承台（一）

图2-11 承台（二）

2. 承台识读

承台有平面注写和截面注写两种表达方式，两种表达方式所表达的内容近似，本书以平面注写为例进行讲解。

（1）承台构件编号

承台构件编号见表2-8和表2-9。

承台
(三维模型)

表2-8　独立承台编号

类型	承台形状	代号	序号	说明
独立承台	阶形	CT_j	××	单阶截面即为平板式独立承台
	坡形	CT_p	××	

表2-9　承台梁编号

类型	代号	序号	跨数及有无外伸
承台梁	CTL	××	(××)端部无外伸 (××A)一端有外伸 (××B)两端有外伸

（2）独立承台的平面注写

独立承台的平面注写分为集中标注和原位标注。集中标注包括编号、截面竖向尺寸和配筋，以及承台板底面标高（与承台底面基准标高不同时）和必要的文字注解。

（3）独立承台的原位标注

如图2-12所示，独立承台的原位标注主要是尺寸和定位。

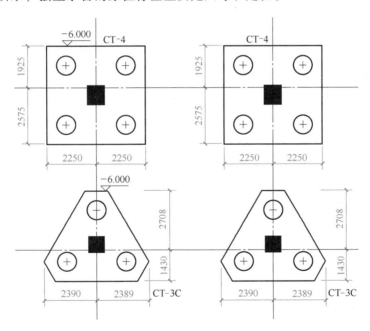

图2-12　独立承台的原位标注

知识点二　桩基础

1. 桩基础编号

桩基础编号见表2-10。

表 2-10　桩基础编号

类　型	代　号	序　号
灌注桩	GZH	××
扩底灌注桩	GZHk	××

2. 列表注写示例

【例 2-5】　对照图 2-13，解析表 2-11 内容。

【解】　1 号灌注桩，桩径 800mm，桩长 16.7m，竖向纵筋配置 10 根直径为 18mm 的 HRB400 钢筋；螺旋箍筋为直径 8mm 的 HPB335 钢筋，加密区间距 100mm，非加密区间距为 200mm。桩顶相对标高为 −3.400m，单桩竖向承载力特征值为 2400kN。

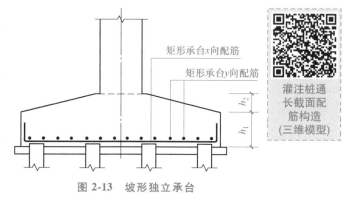

图 2-13　坡形独立承台

矩形承台x向配筋
矩形承台y向配筋

灌注桩通长截面配筋构造（三维模型）

表 2-11　灌注桩表

桩号	桩径×桩长	通长等截面配筋，全部为纵筋	箍筋	桩顶标高/m	单桩竖向承载力特征值/kN
GZH1	800mm×16.700m	10 Φ 18	L Φ 8@ 100/200	−3.400	2400

【讨论】　表 2-11 中，若第三列注写为 15 Φ 20、15 Φ 18/6000，表示的含义是什么？

【素养园地】　**最早的桩基础**

原始社会时期，随着社会的发展和人口的增加，"依树积木，以居其上"的巢居受到水源、食物来源等条件的制约。此时，古人受巢居的树木支撑作用的启发，探索出了人工栽柱形式的干阑式建筑。我国的河姆渡遗址的基础采用了由圆木桩、方木桩和板桩组成的桩基础。这是很早的桩基础雏形，在世界上十分罕见。

隋代的灞桥遗址，在石砌桥墩下，除了铺砌一层宽约 17m 的石板基础外，其石板基础下还垫有一层方木，方木下以满堂木桩对桥墩地基进行处理。方木垫层在水下产生一定的浮力，同时方木本身具有一定的弹性，能够减缓由于桥面活荷载冲击对桥墩地基产生的破坏。

到了宋代，桩基础技术已较为成熟，桩基础做法趋于标准化。宋《营造法式》中载有"临水筑基"的章节。我国现存最早的木桩基础实例是建于北宋天圣年间的山西太原晋祠圣母殿。此殿历经近千年，尚未发现不均匀沉陷。

始建于宋代开禧年间的法华塔，在地面以下 1.4m 处采用满堂木桩加固塔体地基，一方面木桩横向挤压周围土层，使土粒密实，增强了地基土的强度；另一方面改变了软弱地基对塔体的破坏模式。

明清时期桩基础技术更趋完善，清《工程做法》对桩的选料和布置以及桩基础的施工方法等做了规定。在木桩选料方面，一般采用耐水耐蚀的松、柏等针叶树材，南方地区多选用红松，而北方地区亦有用柳木为桩的，北京颐和园的堤岸就是用湿柳木施工桩基础的。

任务五　掌握独立基础钢筋构造

学习目标：

【知识目标】

1. 了解独立基础钢筋构造。

2. 掌握独立基础钢筋长度计算。

3. 掌握独立基础钢筋根数计算。

4. 掌握独立基础钢筋的上下位置关系。

5. 理解独立基础缩减构造。

【能力目标】

具备独立基础钢筋下料和算量的能力。

【重点】

独立基础钢筋长度和根数的计算。

【难点】

1. 独立基础根数计算规则。

2. 独立基础保护层厚度确定。

3. 独立基础钢筋的上下位置关系。

4. 独立基础钢筋的缩减规则。

任务简介：

通过本任务的学习，在识图的基础上掌握独立基础的钢筋构造，熟知施工时基础节点的选择和钢筋摆布。

本任务只讲述了单柱独立基础的钢筋构造，双柱独立基础可根据22G101—3进行学习。

课前掌握：

通过配套图纸，对照22G101—3图集，预习钢筋的构造。

知识点　独立基础钢筋构造

独立基础示例如图2-14所示。

【例2-6】　识读如图2-14所示独立基础。

【解】　下面对编号为JC-1的独立基础进行识读：

1）钢筋间距：x和y方向钢筋均匀布置，直径均为12mm的HRB400钢筋；x向间距为120mm，y向间距为130mm。x向第一根钢筋布置的起始位置距构件边缘取 $\min(75,120/2)=60$mm。y向第一根钢筋布置的起始位置距构件边缘取 $\min(75,130/2)=65$mm。第一阶高度300mm，第二阶高度200mm。

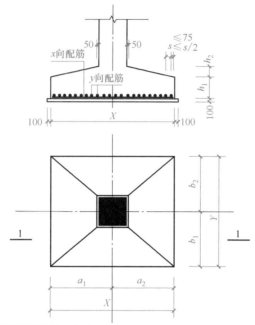

编号	a_1/mm	a_2/mm	b_1/mm	b_2/mm	h_1/mm	h_2/mm	x向筋	y向筋
JC-1	1100	1100	1200	1200	300	200	Φ12@120	Φ12@130
JC-2	1200	1200	1300	1300	400	300	Φ14@120	Φ12@120

图 2-14 独立基础示例

2) 独立基础底板钢筋的放置：

① 独立基础底板双向交叉钢筋的长向设置在下，短向设置在上。

② 双柱普通独立基础底部的双向交叉钢筋，根据基础两个方向从柱外缘至基础外缘的伸出长度的大小判断，较大值方向的钢筋设置在下，较小值方向的钢筋设置在上。

3) 独立基础底板底部钢筋缩减要求：

① 柱布置在基础中心时，当底板长度≥2500mm 时，各边最外侧钢筋不缩减；当底板长度>2500mm 时，除最外侧钢筋外，两个方向的其他钢筋均缩减底板长度的10%，并交错放置。

② 当柱偏心布置时，独立基础底板长度≥2500mm，但该基础某侧从柱中心至基础底板边缘的距离<1250mm 时，钢筋在该侧不应减短，而在另一侧缩减。

4) 钢筋长度计算。设基础混凝土保护层厚度均为 40mm，则 x 向钢筋长度为 $(2200-2\times40)$ mm = 2120mm；y 向钢筋长度为 $(2400-2\times40)$ mm = 2320mm。

x 向钢筋布置范围为 y 边扣除起步距离 $(2400-2\times60)$ mm = 2280mm，根数为 $(2280/120+1)$ 根 = 20 根；y 向钢筋布置范围为 x 边扣除起步距离 $(2200-2\times65)$ mm = 2070mm，根数为 $(2070/130+1)$ 根 = 16.9 根，向上取整得 17 根。

独立基础底板配筋根数计算示例（微课）

独立基础底板配筋长度计算示例（微课）

模块三　柱识读及钢筋构造

任务一　识读柱截面注写

学习目标：

【知识目标】

1. 了解柱的类型。

2. 掌握柱截面注写方式。

【能力目标】

能够理解柱的作用，识读用截面注写法表达的柱的相关信息。

【重点】

柱的代号，柱截面注写法信息的识读。

【难点】

1. 各类柱代号的含义。

2. 柱编号的规则。

3. 框架柱截面注写的内容。

4. KZ 注写时易出现的问题。

任务简介：

依据 22G101—1 图集，本任务主要讲解柱的截面注写方式。通过本任务学习能够识读用截面注写法表示的柱平法施工图，或者通过列表法所示内容将柱的截面绘制出来。

在学习本任务时注意对建筑绘图规则的掌握。

课前掌握：

查阅 22G101—1 图集，了解图集中关于柱平法施工图的截面表示方法。

知识点一　柱的类型

在结构设计中，柱的类型非常多，各自发挥着不同的作用，柱的常见类型见表 3-1。

表 3-1 柱的常见类型

按加工方式分类	预制柱	现浇柱	—
按部位分类	中柱	边柱	角柱
按材料分类	钢柱	混凝土柱	—

柱的分类
(微课)

【例 3-1】 在课堂图纸编号为"结施 05"图纸中，轴线⑥-Ⓑ、④-Ⓑ相交处为中柱，轴线④-Ⓐ、⑦-Ⓐ和⑩-Ⓐ相交处为边柱，轴线①-Ⓔ、①-Ⓑ相交处为角柱。

在平法图集 22G101—1 中，柱编号由类型代号和序号组成，见表 3-2。在编号时，当柱的总高、分段截面尺寸和配筋均对应相同，仅截面与轴线的关系不同时，仍可将其编为同一柱号，但应在图中注明截面与轴线的关系。

表 3-2 柱的编号

柱 类 型	类 型 代 号	序 号
框架柱	KZ	××
转换柱	ZHZ	××
芯柱	XZ	××

【讨论与思考 1】 王寒同学在工地实习中，发现某办公大厅内有一根圆形的柱，上面镶贴着大理石，他认定此柱为圆柱。你认为王寒说的对吗？说出你的理由。

【解析】 不一定对。仅从柱子的外观看，他的看法是正确的，结构中所说的形状并不包括主体的装修。换句话说，大理石内的柱也可能是方形的。

柱是一种竖向受压构件，一般起于基础顶面，并锚固于此，然后一直贯通到结构顶部。在框架结构中，梁、板、设备和人等的荷载均由柱承担并传递到基础上。

在平法学习中要掌握柱和其他构件的关系及荷载传递的路径，如图 3-1 所示，板的荷载首先传递到梁上，梁传递到柱，柱再传递到基础。由此可见，梁是板的支座，柱是梁的支座，基础是柱的支座，根据这些关系，各种构件钢筋锚固的关系就清晰了。

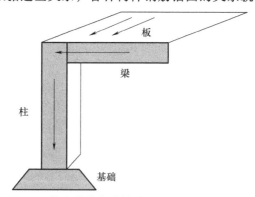

图 3-1 柱和其他构件的关系及荷载传递的路径

【讨论与思考 2】 所有柱的支座均是基础，这样说是否正确？

【解析】 错误。要根据支撑柱的构件确定支座形式，如果柱由梁或剪力墙支撑，形成梁上柱和墙上柱构型，则它们的支座就是梁或者剪力墙。

知识点二 截面注写方式

截面注写方式是在分标准层绘制的柱平面布置图上，对所有的柱子编号，分别在同一编号的柱中选择一个截面，并将此截面在原位放大，在上面直接注写截面尺寸、轴线定位和配筋具体数值等信息。

截面注写方式的缺点：需要画多个标准层平面图；同一个平面图上两个类型的柱子距离太近时，容易发生截面碰撞。当绘制柱平面布置图时，如果局部区域发生重叠、过挤现象，可在该区域采用另外一种比例绘制图形。

对于柱中纵筋，当采用两种直径时，还要注写截面各边中部筋的具体数值（对于采用对称配筋的矩形截面柱，可仅在一侧注写中部筋，对称边省略不注）。

【例 3-2】 解析 KZ1 截面的注写（图 3-2）。

【解】 表示 1 号框架柱，截面尺寸 $b×h$ 为 500mm×500mm，柱相对于轴线对称。柱纵筋采用 HRB400 钢筋，角部钢筋为 4⚍22，b 边、h 边中部钢筋均为 3⚍20；柱箍筋采用 HPB300 钢筋，直径为 10mm，加密区间距 100mm，非加密区间距 200mm。

【讨论与思考 3】 在 22G101—1 的第 11 页有小注："箍筋对纵筋至少隔一拉一"，如何理解？

【解析】 意思是说箍筋在转角处才能固定套牢柱纵筋，即为"拉"。

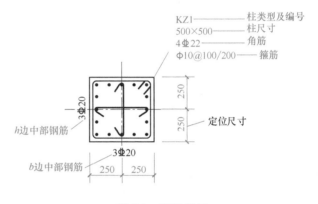

图 3-2 KZ1 截面

"隔一拉一"是指柱中的纵筋要保证有足够的箍筋拉结，不能间隔两根及两根以上，比如有五根纵筋，边上两根角筋有了箍筋，那么中间那根纵筋还需要加一根拉筋，当然每根都拉也是可以的。

当在某些框架柱的一定高度范围内，在其内部的中心位置设置芯柱时，首先按照 22G101—1 中的柱表内容的规定进行编号，继其编号之后注写芯柱的起止标高、全部纵筋及箍筋的具体数值，芯柱截面尺寸按构造确定，并按标准构造详图施工，设计时不注写；当设计人员采用与图集 22G101—1 构造详图不同的做法时，应另行注明。芯柱定位随框架柱，不需要注写其与轴线的几何关系。

任务二 识读柱列表注写

📖 学习目标：

【知识目标】

1. 了解柱列表注写法。

2. 掌握柱的嵌固部位。

【能力目标】

能够识读用列表注写法表达的柱的相关信息。

【重点】

柱列表注写法信息的识读。

【难点】

1. 柱列表包含的内容。

2. 上部结构嵌固部位的确定。

3. 柱列表法和截面法的优（缺）点。

任务简介：

依据 22G101—1 图集，本任务主要讲解各结构层的标高及柱的列表注写法。通过本任务学习能够识读用列表注写法表示的柱平法施工图。

课前掌握：

查阅 22G101—1 图集，了解图集中关于柱平法施工图的列表表示方法。

知识点一 柱列表注写法解读

柱列表注
写方式
（微课）

列表注写法是在柱平面布置图上将柱的编号、标高、截面尺寸、配置钢筋等信息采用表格的形式表达；另外，在施工图中注明结构层的楼面标高、结构层高、相应的结构层号及上部结构嵌固部位的位置等信息。

采用列表注写方式时，平面布置图非常简洁，柱及其钢筋配置的相关信息全部在表格中表示，是常用的柱施工图表达方式。

1. 柱编号

如图 3-3 所示，柱编号由类型代号和序号组成。

柱编号	标高/m	柱截面尺寸 $b \times h$/mm	b_1/mm	b_2/mm	h_1/mm	h_2/mm	全部纵筋	角筋	b边一侧中部筋	h边一侧中部筋	箍筋类型号	箍筋	备注
KZ1	−0.030～19.470	750×700	375	375	150	550	24Φ25	—			1(5×4)	Φ10@100/200	
	19.470～37.470	650×600	325	325	150	450	—	4Φ22	5Φ22	4Φ20	1(4×4)	Φ10@100/200	
	37.470～59.070	550×500	275	275	150	350	—	4Φ22	5Φ22	4Φ20	1(4×4)	Φ8@100/200	
XZ1	−0.030～8.670						8Φ25	—			—	Φ10@100	

图 3-3 柱表中的柱编号

2. 各段柱的起止标高

自柱根部往上以变截面位置或截面未变但配筋改变处为界分段注写各段柱的起止标高。框架柱和框支柱的根部标高是指基础顶面标高；芯柱的根部标高是指根据结构实际需要确定的起始位置标高；梁上柱的根部标高是指梁顶面标高；剪力墙上柱的根部标高为墙顶标高。

如图 3-4 所示，KZ1 的起止标高为 −0.030～59.070m，但由于柱截面尺寸和配筋不同，所以分为三段：第一段为 −0.030～19.470m，第二段为 19.470～37.470m，第三段为 37.470～59.070m；XZ1 的起止标高为 −0.030～8.670m。

柱编号	标高/m	柱截面尺寸 $b \times h$/mm	b_1/mm	b_2/mm	h_1/mm	h_2/mm	全部纵筋	角筋	b边一侧中部筋	h边一侧中部筋	箍筋类型号	箍筋	备注
KZ1	−0.030~19.470	750×700	375	375	150	550	24⌀25	—	—	—	1(5×4)	Φ10@100/200	
	19.470~37.470	650×600	325	325	150	450		4⌀22	5⌀22	4⌀20	1(4×4)	Φ10@100/200	—
	37.470~59.070	550×500	275	275	150	350		4⌀22	5⌀22	4⌀20	1(4×4)	Φ8@100/200	
XZ1	−0.030~8.670	—	—	—	—	—	8⌀25					Φ10@100	

图 3-4 柱表中的标高

3. 截面尺寸

对于矩形柱，在注写柱截面尺寸 $b \times h$ 及柱截面与轴线关系的几何参数代号 b_1、b_2 和 h_1、h_2 的具体数值（图 3-5）时，需对应于各段柱分别注写，如图 3-6 所示。其中，$b = b_1 + b_2$，$h = h_1 + h_2$。当截面的某一边收缩变化至与轴线重合或偏移到轴线的另一侧时，b_1、b_2、h_1、h_2 中的某项为零或为负值。

【讨论与思考4】 分析图 3-5 中 20.000 标高处柱的定位信息。

【解析】 截面尺寸为 650mm×600mm，b 边居中布置，h 边向下偏移 100mm。

柱编号	标高/m	柱截面尺寸 $b \times h$/mm	b_1/mm	b_2/mm	h_1/mm	h_2/mm	全部纵筋	角筋	b边一侧中部筋	h边一侧中部筋	箍筋类型号	箍筋	备注
KZ1	−0.030~19.470	750×700	375	375	150	550	24⌀25	—	—	—	1(5×4)	Φ10@100/200	
	19.470~37.470	650×600	325	325	150	450		4⌀22	5⌀22	4⌀20	1(4×4)	Φ10@100/200	—
	37.470~59.070	550×500	275	275	150	350		4⌀22	5⌀22	4⌀20	1(4×4)	Φ8@100/200	
XZ1	−0.030~8.670	—	—	—	—	—	8⌀25					Φ10@100	

图 3-5 柱表中的尺寸

4. 柱纵筋

如图 3-7 所示，当柱纵筋直径相同，各边根数也相同时，将纵筋注写在"全部纵筋"一栏中；除此之外，柱纵筋分为"角筋""b边一侧中部筋""h边一侧中部筋"三项。

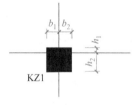

图 3-6 柱轴线定位

图 3-7 中，KZ1 在起止标高 −0.030~19.470m 段，"全部纵筋"一栏为 24⌀25，则柱角部钢筋为 4⌀25，截面 b 边和 h 边中部筋各为 5⌀25；在起止标高 19.470~37.470m 段，"全部纵筋"一栏为空，后面三列分别表示了"角筋"为 4⌀22、"b边一侧中部筋"为 5⌀22、"h边一侧中部筋"为 4⌀20。

柱编号	标高/m	柱截面尺寸 $b \times h$/mm	b_1/mm	b_2/mm	h_1/mm	h_2/mm	全部纵筋	角筋	b边一侧中部筋	h边一侧中部筋	箍筋类型号	箍筋	备注
KZ1	−0.030~19.470	750×700	375	375	150	550	24⌀25	—	—	—	1(5×4)	Φ10@100/200	
	19.470~37.470	650×600	325	325	150	450		4⌀22	5⌀22	4⌀20	1(4×4)	Φ10@100/200	—
	37.470~59.070	550×500	275	275	150	350		4⌀22	5⌀22	4⌀20	1(4×4)	Φ8@100/200	
XZ1	−0.030~8.670	—	—	—	—	—	8⌀25					Φ10@100	

图 3-7 柱表中的纵筋

5. 箍筋类型号及箍筋肢数

箍筋类型图及箍筋复合的具体方式，需画在柱表上部或图中适当位置，并在其上标注与柱表中对应的数值 b、h 和类型号。如图 3-8 所示，KZ1 在起止标高 −0.030~19.470m 段，柱箍筋类型为 1，$m = 5$、$n = 4$。

6. 柱箍筋

柱箍筋注写包括钢筋的级别、直径与间距。当为抗震设计时，用斜线"/"区分柱端箍筋加密区与柱身非加密区长度范围内箍筋的不同间距。当箍筋沿柱全高只有一种间距时，则不使用"/"。当框架节点核心区内箍筋与柱端箍筋设置不同时，应在括号内注明核心区箍筋的直径及间距。当圆柱采用螺旋箍筋时，需在箍筋前加"L"。

如图 3-9 所示，KZ1 在起止标高 −0.030~19.470m 段，柱箍筋为 HPB300 钢筋，直径 10mm，加密区间距 100mm，非加密区间距 200mm。

柱编号	标高/m	柱截面尺寸b×h/mm	b_1/mm	b_2/mm	h_1/mm	h_2/mm	全部纵筋	角筋	b边一侧中部筋	h边一侧中部筋	箍筋类型号	箍筋	备注
KZ1	−0.030~19.470	750×700	375	375	150	550	24Φ25	—	—	—	1(5×4)	Φ10@100/200	
	19.470~37.470	650×600	325	325	150	450	—	4Φ22	5Φ22	4Φ20	1(4×4)	Φ10@100/200	—
	37.470~59.070	550×500	275	275	150	350	—	4Φ22	5Φ22	4Φ20	1(4×4)	Φ8@100/200	
XZ1	−0.030~8.670	—	—	—	—	—	8Φ25	—	—	—	—	Φ10@100	

图 3-8　柱表中的箍筋类型号

柱编号	标高/m	柱截面尺寸b×h/mm	b_1/mm	b_2/mm	h_1/mm	h_2/mm	全部纵筋	角筋	b边一侧中部筋	h边一侧中部筋	箍筋类型号	箍筋	备注
KZ1	−0.030~19.470	750×700	375	375	150	550	24Φ25	—	—	—	1(5×4)	Φ10@100/200	
	19.470~37.470	650×600	325	325	150	450	—	4Φ22	5Φ22	4Φ20	1(4×4)	Φ10@100/200	—
	37.470~59.070	550×500	275	275	150	350	—	4Φ22	5Φ22	4Φ20	1(4×4)	Φ8@100/200	
XZ1	−0.030~8.670	—	—	—	—	—	8Φ25	—	—	—	—	Φ10@100	

图 3-9　柱表中的箍筋

【例 3-3】　解释下列箍筋注写：

【解】　（1）"Φ10@100/250"表示箍筋为 HPB300 钢筋，直径 10mm，加密区间距 100mm，非加密区间距为 250mm。

（2）"Φ10@100"表示沿柱全高范围内箍筋为 HPB300 钢筋，直径 10mm，间距 100mm。

（3）"Φ10@100/250（Φ12@100）"表示箍筋为 HPB300 钢筋，直径 10mm，加密区间距 100mm，非加密区间距为 250mm；框架节点核心区箍筋为 HPB300 钢筋，直径 12mm，加密区间距 100mm。

（4）"LΦ10@100/200"表示采用螺旋箍筋，箍筋为 HPB300 钢筋，直径 10mm，加密区间距 100mm，非加密区间距为 200mm。

知识点二　柱的嵌固部位

在柱平法施工图中，应按 22G101—1 的规定注明各结构层的楼面标高、结构层高及相应的结构层号，尚应注明上部结构嵌固部位的位置。

上部结构嵌固部位的注写要求如下：

1）框架柱嵌固部位在基础顶面时，无须注明。

2）框架柱嵌固部位不在基础顶面时，在层高表嵌固部位的标高下使用双细线注明，并在层高表下注明上部结构嵌固部位的标高。

3）框架柱嵌固部位不在地下室顶板，但仍需考虑地下室顶板对上部结构实际存在嵌固作用时，可在层高表地下室顶板的标高下使用双虚线注明，此时首层柱端箍筋的加密区长度范围及纵筋的连接位置均按嵌固部位的要求设置。

任务三　掌握柱纵筋的连接方式及非连接区

学习目标：

【知识目标】

1. 了解柱纵筋的连接方式。

2. 掌握柱纵筋非连接区构造。

【能力目标】

能够识读施工图中柱纵筋的连接方式，以及柱纵筋连接区的构造。

【重点】

柱纵筋非连接区的确定。

【难点】

1. 柱纵筋连接方式的选取规则。

2. 嵌固部位柱纵筋非连接区的长度计算。

3. 楼面处柱纵筋非连接区的长度计算。

4. 各层柱顶纵筋非连接区的长度计算。

5. 不同连接方式下相邻钢筋相互错开的间距计算。

任务简介：

依据22G101—1图集，本任务主要讲解柱中纵筋的连接方式及非连接区的计算。通过本任务学习能够理解柱中纵筋的连接方法、非连接区的长度计算等。

课前掌握：

查阅22G101—1图集，了解图集中关于柱中纵筋的连接构造要求。

知识点一　柱纵筋的连接方式

柱纵筋有绑扎搭接、焊接连接和机械连接三种连接方式，见表3-3。

表 3-3　柱纵筋连接方式

连接方式	示例	优点	缺点
绑扎搭接		施工便捷 对环境影响小 安全性高	工程量大 节点强度不高

(续)

连接方式	示例	优点	缺点
焊接连接		适用范围广 工艺成熟 节点强度高	有安全隐患 受焊接工艺影响很大
机械连接		适用范围广 节点强度高 安全性高	不适合小直径钢筋施工

知识点二　柱筋的非连接区

22G101—1图集中的"KZ纵向钢筋连接构造"是平法柱钢筋构造的核心。如图3-10所示，柱纵向钢筋连接时，存在"非连接区"，是指柱纵筋不允许在这个区域之内进行连接。绑扎搭接、机械连接及焊接连接都要遵守这项规定。

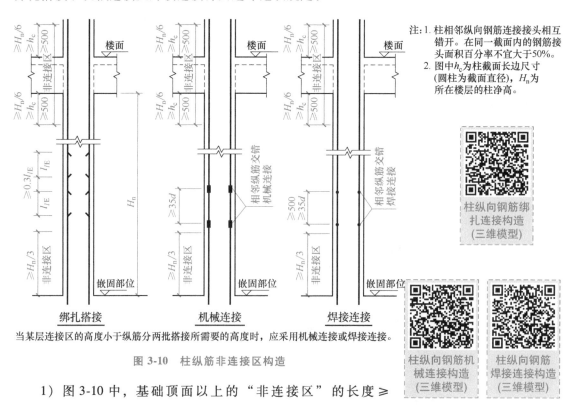

注：1. 柱相邻纵向钢筋连接接头相互错开。在同一截面内的钢筋接头面积百分率不宜大于50%。
2. 图中h_c为柱截面长边尺寸（圆柱为截面直径），H_n为所在楼层的柱净高。

柱纵向钢筋绑扎连接构造（三维模型）

当某层连接区的高度小于纵筋分两批搭接所需要的高度时，应采用机械连接或焊接连接。

图3-10　柱纵筋非连接区构造

柱纵向钢筋机械连接构造（三维模型）　　柱纵向钢筋焊接连接构造（三维模型）

1) 图3-10中，基础顶面以上的"非连接区"的长度 ≥

$H_n/3$（H_n 为所在楼层柱的净高），此做法有个假定条件，即基础顶面是上部结构的嵌固部位。

【讨论与思考5】 对于有地下室的结构，地下室以上部分的框架柱，一般以地下室顶面作为嵌固部位；对于地下室中的框架柱，此时非连接区的起算从哪里开始？长度如何确定？

【解析】 图集 22G101—1 中的"地下室 KZ 纵向钢筋连接构造"规定，对于地下室中的框架柱，以基础顶面起算，纵筋非连接区取 $\max(H_n/6, h_c, 500\text{mm})$，其中 H_n 为地下室所在楼层的净高，h_c 为柱截面长边尺寸（对于圆柱为截面直径）。此构造同楼面部位。

2）图 3-10 中，楼层梁上下部位的"非连接区"，包括梁底以下部分、梁中部分和梁顶以上部分，这三个部分构成一个完整的柱纵筋非连接区。

① 梁底以下和梁顶以上部分的非连接区长度取 $\max(H_n/6, h_c, 500\text{mm})$。需要注意的是，"三选一"的形式虽然一样，但是内容却不一样。梁底以下的 H_n 是梁下面楼层的柱净高，而梁顶以上的 H_n 是梁上面楼层的柱净高。

② 梁中部分的非连接区长度就是梁的截面高度。

3）柱相邻纵筋接头需要错开，错开间距如图 3-10 所示，并应符合以下要求：绑扎连接不小于 $0.3l_{lE}$，焊接连接不小于 $\max(35d, 500\text{mm})$，机械连接不小于 $35d$。d 的取值要求：同一根钢筋连接直径不同时，取较小值；相邻钢筋直径不同时，取较大值。

【素养园地】 "80后"建筑工匠宋德强

"我要做新时代优秀的建筑工人。"宋德强从一名钢筋工到建筑工匠，用实际行动证明了"三百六十行，行行出状元"。热情洋溢的他誓做国家建设事业的"一根钢筋"，曾两次走进人民大会堂接受表彰，他的实际行动就是他成功的秘诀。

（1）严格规范，钢筋成形得过三关

钢筋工看似普通，可不管是别墅小院还是摩天大楼，多数建筑需要以钢筋作为"骨架"，撑起结构，保障建筑的安全。"钢筋对于建筑，就像是人的脊梁一样重要。"宋德强对团队的要求十分严格，"我要求带班队长拿着图纸核对每架钢梁，在钢筋绑扎过程中也要严格按照图纸一一查探、排查，避免任何错误。"从钢筋算料、下料，到加工，再到成形，一般要经过自检、交接检、专检三关，并严格实行"三检"制度。

（2）精益求精，手下钢筋随意变换

对团队严格要求，对自己的要求更是近乎苛刻。宋德强说："看起来钢筋工作是笨重活，没什么技术，可真正上手的时候，高手手下的钢筋就像面条，可以随意变换成合规构件，而新手手下的钢筋则像树杈，怎么摆弄也不符合要求。里面的学问大了。"丰富的经验让宋德强锻炼出了玄妙的手感，有时仅凭对钢筋的弯折就能判断出这段钢筋质量的好坏。别看宋德强现在已经是高级技师、技术负责人，他仍每天早早就到工地上巡检，每天亲手制作一批钢筋构件。"只有经常往工地跑、泡在工地，才能了解工程的真实情况。遇到不符合工程规范的操作，我会及时纠正，把自己掌握的操作技能向大家讲解演示。"

业务上的精益求精，使得宋德强在业务水平上不断突破新高度。从事建筑行业数十年，通过不懈的学习和实践，他从一名普通的钢筋工成长为技术精湛、经验丰富的项目经理和"好师傅"，在各级大赛中屡获佳绩，曾获"全国技术能手""全国建筑行业技术能手""山东省技术能手"等荣誉称号。

（3）工匠精神，做建筑业的"艺术家"

如今的宋德强，已经接过了老师傅们的接力棒，向青年工人传授技艺。他成立了"宋德强钢筋班"，经过发展，该班组已有职工150余人，骨干20余人，30余人取得了中、高级钢筋工职业资格证书，5人取得技师资格（截至2021年）。

"钢筋工干的是良心活，丝毫马虎不得。"在宋德强心中，"建筑工人是高楼大厦的主人。"从识图、算料、下料，再到钢筋绑扎，让工程安全，让用户满意，钢筋工程的确是一门学问。"与其把钢筋当作工业产品，我更想把它当作艺术品。当你加工完成一件钢筋构件后重新审视它时，这是一种享受，有那么一刻，我会感觉自己是个艺术家。同时，在工作中要对你从事的行业足够热爱，耐得住寂寞，守得住内心，在此基础上还要不断进行技艺上的创新，这就是我心中的工匠和其应有的工匠精神。"宋德强说。

任务四　掌握柱纵筋锚固

学习目标：

【知识目标】

1. 了解柱纵筋在基础内的锚固。

2. 掌握中柱柱顶纵筋构造。

【能力目标】

能够识读柱纵筋在基础内和柱顶的构造。

【重点】

柱纵筋在基础内的锚固。

【难点】

1. 柱纵筋在基础内锚固方式的选择。

2. 不同锚固方式下柱纵筋弯钩和箍筋的构造。

3. 柱纵筋在柱顶的构造做法的选择。

4. 柱纵筋弯钩的朝向，以及对板厚度的要求。

任务简介：

依据22G101—1图集，本任务主要讲解柱纵筋在基础内的锚固和柱顶构造。不同柱的位置、不同基础的深度，决定了柱纵筋锚固方式的选择，同时应根据工程图纸的要求进行分辨，工程图纸才是最终的施工依据。柱顶构造建议参考图集《混凝土结构施工钢筋排布规则与构造详图（现浇混凝土框架、剪力墙、梁、板)》（18G901—1）进行辅助理解，思考此处钢筋避让的关系。

课前掌握：

查阅22G101—1图集，了解图集中关于柱中纵筋的连接及锚固要求。

知识点一　柱纵筋在基础内锚固

柱在基础内锚固有四种情形，本文只介绍常见的两种：

1）如图 3-11 所示，当基础高度≥L_{aE} 且保护层厚度>5d 时，柱纵筋伸至基础钢筋网上，设 150mm 弯钩，箍筋不少于两道且间距≤500mm（非复合）。

2）如图 3-12 所示，当基础高度<L_{aE} 且保护层厚度>5d 时，柱纵筋伸至基础钢筋网上，设 15d 弯钩（d 为柱纵筋直径），箍筋不少于两道且间距≤500mm（非复合）。

基础内第一根箍筋均距离基础顶面 100mm，基础外第一根箍筋距离基础顶面 50mm。

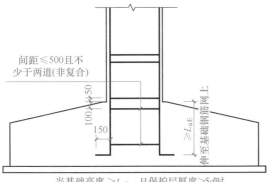

图 3-11　柱纵筋在基础内锚固（一）

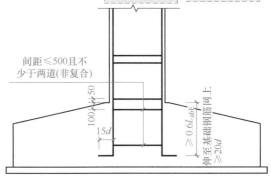

图 3-12　柱纵筋在基础内锚固（二）

知识点二　柱顶纵向钢筋锚固构造

如图 3-13 所示，22G101—1 图集中关于抗震框架柱中柱柱顶纵向钢筋的锚固构造主要有以下几种：

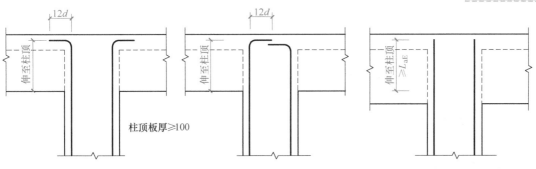

图 3-13　柱顶纵向钢筋锚固构造

1）当柱纵筋直锚长度<L_{aE}时，柱纵筋可伸至柱顶后向外弯折12d，此时柱顶板厚度不得小于100mm。

2）当柱纵筋直锚长度<L_{aE}时，柱纵筋可伸至柱顶后向内弯折12d。

3）当柱纵筋直锚长度≥L_{aE}时，柱纵筋可以直锚伸至柱顶。

【素养园地】 "雄安工匠"张中良

2020年，有100名建设者被授予"雄安工匠"荣誉称号。

"我觉得钢筋工就像是当裁缝，手中的钢筋就是粗细不同的'线'，把这些'线'串联起来，楼房的架子就搭好了。"这是张中良对工作的精妙总结。在他眼中，工地上那些硬邦邦、沉甸甸的钢筋成了轻柔的毛线，能够"织"成任何想要的模样。

"从钢筋进场开始就要层层把关，包括质量验收是否合格、钢筋制作是否符合规定，钢筋连接是否按照规范，保证安置房质量符合要求。"张中良说，"项目上所有人员都是24小时不停歇的，大家都是加班加点连轴转。不过，这也是我这么多年的工作常态，就没有清闲的时候。"

张中良在2007年参与过"鸟巢"和"水立方"的建设，后来又参与了SM天津滨海城市广场等大型项目的建设，履历丰富。"以前经常在北京、天津干活，现在来到雄安新区，我感觉很荣幸。在建设雄安的过程中，我会尽量把我的所有经验传递给在一起奋斗的工友们，保质保量把安置房建好，给雄安老百姓一个满意的工程。"

数十年来，张中良不论去哪里都是打先锋，基本没有清闲的时间，在雄安新区更是忙忙碌碌，他的小孙女想爷爷了就只能通过手机屏幕看一看。"我身上肩负的责任重大，需要全心全意付出。平时顾不上家，总觉得亏欠家人太多，但他们都很支持我的工作。以后我也打算带家人过来看看雄安新区，感受这座新城市的壮观、美丽。"

张中良既是工匠楷模，又是我们平凡人中的一个，我们应该像他一样保持对工作的热情，严于律己，专心把一件事情做好就可以取得成功。

任务五　掌握柱变截面钢筋构造

学习目标：

【知识目标】

掌握柱变截面处的纵筋构造。

【能力目标】

能够根据柱变截面的类型采用不同的纵向钢筋构造做法。

【重点】

柱变截面类型的判断。

【难点】

1. 柱变截面处，"Δ/h_b"和"1/6"的关系。

2. 上柱和下柱居中时柱纵筋节点构造。

3. 上柱和下柱一侧对齐时柱纵筋节点构造。

任务简介：

依据 22G101—1 图集，本任务主要讲解柱变截面处纵筋的构造。通过本任务学习能够针对不同的变截面类型，选用合适的构造措施。

在学习中要注意，柱截面变化有许多种类，柱各方向的纵筋可单独考虑做法，不互相干扰。

课前掌握：

查阅 22G101—1 图集，了解图集中关于框架柱变截面纵向钢筋构造的内容。

知识点 柱变截面的类型

框架结构中，由下往上各层柱承受的荷载一般逐渐减小，所以有时框架柱截面由下往上截面会变小。由于截面变小，框架柱中的纵向钢筋的构造也会发生变化，图集 22G101—1 中抗震框架柱变截面位置的纵向钢筋构造如图 3-14 所示。

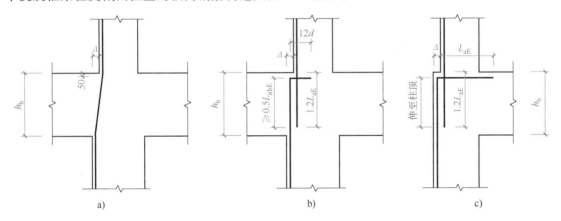

图 3-14 抗震框架柱变截面位置的纵向钢筋构造

a) $\Delta/h_b \leq 1/6$　b)、c) $\Delta/h_b > 1/6$

【讨论与思考 6】 框架结构为什么有时会采用变截面柱？从结构受力角度分析，上柱与下柱中心线重合还是不重合对承载更有利？

【解析】 框架结构采用变截面柱一般是因为上层柱与下层柱承受荷载差异较大，为了减小结构自重，对上层柱缩减截面尺寸。

从结构受力角度分析，特别是处于建筑内部的中柱，当上柱与下柱中心线重合时，上柱与下柱均为轴心受压构件，受力较为简单；若上柱与下柱中心线不重合，上柱轴向力作用在下柱上，则下柱为偏心受压构件，受力较为复杂；相比较而言，当上柱与下柱中心线重合时对结构的承载相对更有利。

下面分别介绍图 3-14 的三种变截面情形下的柱纵筋构造：

1. 当"斜率比较小"（$\Delta/h_b \leq 1/6$）时（图 3-14a）

钢筋弯折后可以由下柱弯折连续通到上柱，上弯折点在楼面以下 50mm。

2. 当"斜率较大"（$\Delta/h_b>1/6$）时（图 3-14b）

下柱纵筋伸至本层柱顶，该直锚段长度 $\geq 0.5L_{abE}$；然后弯折，弯折后水平段长度为 $12d$，上柱钢筋深入下柱 $1.2L_{aE}$。

3. 当柱一侧无梁，且柱内对齐时（图 3-14c）

无论 Δ/h_b 的比值如何，上柱边与下柱边一侧平齐，则平齐侧的下柱纵筋可以贯通向上，错开一侧纵筋后弯折；下柱纵筋伸至柱顶后应弯折，从上柱边开始锚固，锚固长度为 L_{aE}，上柱钢筋深入下柱 $1.2L_{aE}$。

任务六　掌握顶梁边柱钢筋构造

学习目标：

【知识目标】

掌握边柱和角柱柱顶纵向钢筋的构造。

【能力目标】

能够识读各类边柱和角柱纵向钢筋的构造，并进行选择。

【重点】

柱外侧纵向钢筋的构造。

【难点】

1. 梁插柱的钢筋构造。

2. 柱插梁的钢筋构造。

3. 柱筋不伸入梁内的钢筋构造。

4. 柱筋与梁筋共用的构造。

5. 角部附加角筋的要求。

6. 各类构造做法如何组合的问题。

任务简介：

依据 22G101—1 图集，本任务主要讲解顶梁边柱及角柱外侧纵筋的构造。通过本任务学习能够识读"柱插梁"和"梁插柱"两种做法，并结合其他做法选择柱顶纵筋构造的组合方式。同时，要会分辨哪些是柱外侧钢筋，哪些是内侧钢筋，否则无法进行后续计算或施工。

课前掌握：

查阅 22G101—1 图集，了解图集中关于顶梁边柱和角柱纵向钢筋构造的内容。

知识点一　柱插梁

如图 3-15 所示，图集 22G101—1 中框架柱边柱和角柱的柱顶纵向钢筋的构造有七类节点（柱插梁式节点图类似，此处略）。

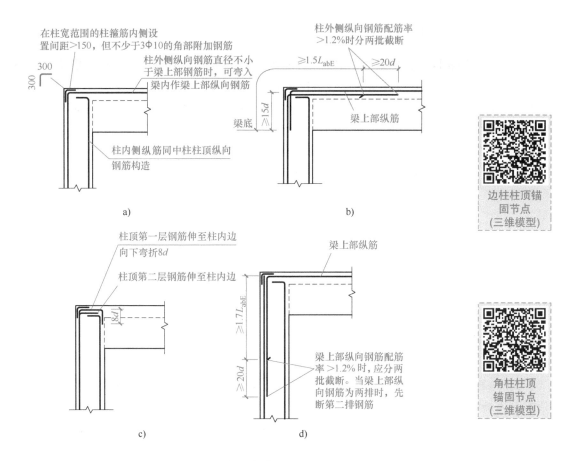

图 3-15 顶梁边柱做法

a）梁上部纵筋和柱外侧纵筋贯通 b）柱外侧纵筋伸入梁内锚固 c）柱外侧纵筋在柱内弯折
d）梁上部纵筋在柱内锚固

图 3-15b 中钢筋构造：边柱外侧纵筋从梁底算起伸入顶梁长度≥1.5L_{abE}，并与梁上部纵筋搭接。

柱内侧纵筋：当直锚长度≥L_{aE} 时，伸至柱顶后截断；当直锚长度<L_{aE} 时，伸至柱顶后弯折 12d。

当柱外侧纵筋配筋率>1.2%时，柱外侧纵筋伸入顶梁 1.5L_{abE} 后，分两批截断，两批截断点的距离≥20d。

梁上部纵筋伸到柱外侧纵筋内侧，并向下弯折≥15d。

【讨论与思考7】 顶梁边柱节点外侧的角部附加钢筋如何设置？该角部附加钢筋的作用是什么？

【解析】 由于顶层柱外侧纵向钢筋的弯折半径较大，节点区的外角会出现过大的素混凝土区，因此要设置附加构造钢筋。

角部附加钢筋在柱宽范围内的柱箍筋内侧设置，间距≤150mm，不少于3根，直径不小于10mm，水平及竖向长度均为 300mm。

知识点二　梁插柱

图 3-15d 中钢筋构造：顶梁的上部纵筋下伸与边柱外侧纵筋沿节点外侧直线搭接，其搭接的垂直长度≥1.7L_{abE} 且应伸至梁底；边柱的内侧纵筋伸至柱顶后弯折 12d。

当梁上部纵向钢筋配筋率>1.2%时，应分两批截断，两批截断点的距离≥20d。当梁上部纵向钢筋为两排时，先断第二排钢筋。

【讨论与思考8】　框架结构顶层端节点处的梁、柱纵筋为什么要搭接？

【解析】　框架结构顶层端节点的梁、柱端均主要承受负弯矩作用，相当于90°折梁，节点外侧钢筋不是锚固受力，而属于搭接传力问题，故不允许将柱外侧纵筋伸至框架梁内锚固。

知识点三　其他做法

图 3-15a 中钢筋构造：柱外侧纵向钢筋直径不小于梁上部钢筋时，可弯入梁内作梁上部纵向钢筋使用，柱内侧纵筋伸至柱顶后弯折 12d。

图 3-15d 中钢筋构造：伸入梁内的柱外侧纵筋不宜少于柱外侧全部纵筋面积的65%，对于未伸入梁内的柱外侧钢筋，伸至柱顶后向柱内边弯折，柱顶第一层钢筋伸至柱内边后可向下弯折 8d，第二层钢筋伸至柱内边直锚即可。

【讨论与思考9】　顶梁边柱节点中纵筋的布置方式是否只选择其中一种做法？可否多种做法配合使用？

【解析】　图 3-15 中的各类节点应配合使用，对组合的选取应考虑梁和柱的尺寸。

任务七　柱箍筋计算

学习目标：

【知识目标】
1. 了解 KZ 箍筋加密区的设置要求。
2. 掌握 KZ 箍筋根数的计算。
3. 掌握 KZ 箍筋组合的摆放。

【能力目标】
能够识读施工图中柱箍筋加密区的设置要求，并计算箍筋的根数。

【重点】
KZ 箍筋加密区的设置。

【难点】
1. 箍筋加密区长度的判定。
2. 箍筋加密的部位。
3. 箍筋根数计算方法。
4. 箍筋摆放的规则。

任务简介：

依据22G101—1图集，本任务主要讲解柱箍筋的加密区设置构造，通过本任务学习能够确定箍筋加密区的长度并根据计算规则计算出箍筋根数。

值得注意的是，柱纵筋连接区和刚性地面处的箍筋仍需加密。有个别的柱全高加密、节点核心区柱箍筋变化等情况，应根据图纸实际情况来判定。

课前掌握：

查阅22G101—1图集，了解图集中关于柱箍筋加密区范围的内容。

知识点一 抗震框架柱箍筋加密区

对照22G101—1图集"KZ纵向钢筋连接构造"中的非连接区与"剪力墙上起柱KZ纵筋构造 梁上起柱KZ纵筋构造 底层刚性地面上下各加密500"，两者长度是一致的。

"KZ纵向钢筋连接构造"中的非连接区是柱受力较大、破坏较严重的部位，钢筋接头一般属于薄弱部位，故纵筋在该区域不能连接。

除此之外，刚性地面上、下500mm范围内，箍筋也要加密。

【讨论与思考10】 什么是"刚性地面"？常见的混凝土地面可以算刚性地面吗？花岗石板块地面可以算刚性地面吗？

【解析】 刚性地面是指无框架梁的建筑地面，其平面内刚度比较大，在水平力作用下，平面内变形很小。震害调查表明，在刚性地面附近若未对柱做箍筋加密构造，会使框架柱的根部产生剪切破坏。

当混凝土强度等级≥C20，厚度≥200mm时，混凝土地面是刚性地面。花岗石板块地面是刚性地面。

当边柱仅一侧有刚性地面时，也应按图集要求设置箍筋加密区。

知识点二 柱箍筋根数计算

【例3-4】 某框架结构，第三层层高为4.5m，KZ1的截面尺寸为650mm×700mm，箍筋标注为"φ10@100/200"，该层顶板处框架梁截面尺寸为300mm×700mm。求三层的框架柱箍筋根数。

【解】 如图3-16所示，柱下端和上端箍筋加密区的长度均为$\max(H_n/6, H_c, 500)$，其中H_n是当前楼层的柱净高，H_c为柱截面长边尺寸。

中间的非加密区的长度是：

$$本层层高-框架梁截面高度-2\times\max(H_n/6, H_c, 500)$$

因为加密区和非加密区存在箍筋重合，因此箍筋根数的算法有很多。在下面的计算中，把框架梁截面高度部分纳入上端箍筋加密区，即第三层范围共形成了三个区域：下部加密区+非加密区+上部加密区。计算步骤：

（1）数据提取

$H_n = 4500\text{mm} - 700\text{mm} = 3800\text{mm}$

$H_c = 700\text{mm}$

$\max(H_n/6, H_c, 500) = \max(3800/6, 700, 500) = 700\text{mm}$

（2）上部加密区箍筋根数

加密区的长度 $L_1 = \max(H_n/6, H_c, 500) +$ 框架梁高度 $= 700\text{mm} + 700\text{mm} = 1400\text{mm}$

箍筋根数 $= (L_1 - 50)/s_1 + 1 = (1400 - 50)/100 + 1 = 14.5$，根据向上取整原则取 15。

因为根数由 14.5 变成 15，所以上部加密区长度也需要进行调整。

上部加密区的实际长度 $= 100 \times (15 - 1)\text{mm} + 50\text{mm} = 1450\text{mm}$

（3）下部加密区箍筋根数

加密区的长度 $L_2 = \max(H_n/6, H_c, 500) = 700\text{mm}$

箍筋根数 $= (L_2 - 50)/s_1 + 1 = (700 - 50)/100 + 1 = 7.5$

同理，根据向上取整原则箍筋取 8 根。

实际加密区长度 $= 100 \times (8 - 1)\text{mm} + 50\text{mm} = 750\text{mm}$

（4）中间非加密区箍筋根数

按照上下加密区的实际长度来计算非加密区的长度的长度，则有

非加密区的长度 $L_3 = 4500\text{mm} - 1450\text{mm} - 750\text{mm} = 2300\text{mm}$

非加密区箍筋根数 $= L_3/s_2 - 1 = 2300/200 - 1 = 10.5$

根据向上取整原则取 11 根。

注意：根数 = 长度/间距 + 1，"1"是指起点箍筋。连续计算时要考虑加密区和非加密区箍筋重合的问题，故应扣除 2 根，计算式则变为根数 = 长度/间距 + 1 - 2 = 长度/间距 - 1。

（5）本楼层 KZ1 箍筋的总根数

本楼层 KZ1 箍筋的总根数为 （15 + 8 + 11）根 = 34 根。

说明：施工时，梁顶处柱的第一根箍筋设置在楼面上 50mm 处，这样可方便箍筋根数计算。

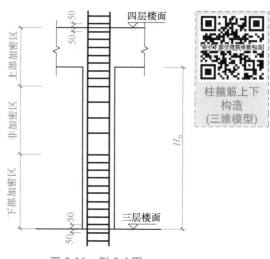

图 3-16　例 3-4 图

知识点三　柱箍筋布置

柱内箍筋一般有多个组合，也称为复合箍筋。柱内箍筋在表示时，根据箍筋形状有多种表现方式，其中 $M \times N$ 的表现方式较常见，即竖向肢数为 M，横向肢数为 N，如图 3-17 所示。

如图 3-18 所示，柱箍筋在布置时需要注意以下问题：

1）箍筋设置应尽量对称均匀，单根箍筋无法实现时可以在上下相邻箍筋中进行处理，使柱箍筋整体均匀。

2）不得出现三根及以上的重合箍筋。

3）柱箍筋至多"隔一拉一"，即不可出现连续两根纵筋而没有箍筋的情况。

框架柱小
箍筋长度
计算示例
(微课)

框架柱大
箍筋长度
计算示例
(微课)

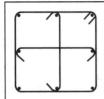

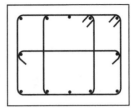

3×3　　　　　　　4×4　　　　　　　4×3

图 3-17　柱内箍筋表现方式

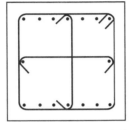

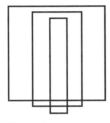

图 3-18　柱箍筋布置错误示例

模块四　梁识读及钢筋构造

任务一　识读梁平面注写

学习目标:

【知识目标】

1. 了解梁的类型。

2. 掌握梁平面注写方式。

3. 掌握集中标注。

4. 掌握原位标注。

【能力目标】

能够识读采用平面注写方式绘制的梁施工图。

【重点】

梁平面注写方式的内容。

【难点】

1. 集中标注的内容。

2. 原位标注的内容。

3. 梁平面注写容易出现问题的地方。

任务简介:

结合配套图纸，本任务主要讲解梁平面注写方式，通过本任务学习能够识读梁的施工图。梁平面注写方式包含五个必注项和一个选注项，很容易遗漏或出现错误，因此需要有一个规范的格式要求才行。学习时也应思考，梁施工图纸易出现问题的地方有哪些？

课前掌握:

查阅 22G101—1 图集、《结构规范》，了解图集和规范中关于梁平面注写的相关内容。

引入案例

框架梁平面注写方式示例如图 4-1 所示。

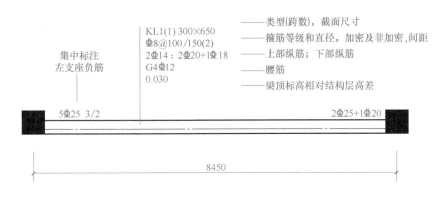

图 4-1 框架梁平面注写方式示例（集中标注）

知识点一 梁的类型

由支座支承，承受的外力以横向力和剪力为主，以弯曲为主要变形的构件称为梁。梁承托着建筑物上部构架中的构件及屋面的全部重量，是建筑上部构架中十分重要的部分。梁依据具体位置、形状、具体作用等的不同有不同的名称。

梁的分类
（三维模型）

【讨论与思考 1】 在框架结构中，梁起什么作用？

【解析】 在框架结构中，主要荷载的传递路径是：楼板→梁→柱→基础，梁是重要的水平受力构件，它的主要作用是将楼板上的荷载传递到两端的柱上。

梁可以根据不同情况进行分类，例如：

1）按部位可分为屋面梁、楼面梁、基础梁等。

2）按与板的位置可分为（正）梁、反梁。

3）按梁与梁之间的搁置与支承关系，可分为主梁和次梁。

22G101—1 图集中，对常见的梁给予了相应的代号，见表 4-1。

表 4-1 梁编号

梁类型	代号	序号	跨数及是否有悬挑
楼层框架梁	KL	××	(××)、(××A)或(××B)
楼层框架扁梁	KBL	××	(××)、(××A)或(××B)
屋面框架梁	WKL	××	(××)、(××A)或(××B)
框支梁	KZL	××	(××)、(××A)或(××B)
托柱转换梁	TZL	××	(××)、(××A)或(××B)
非框架梁	L	××	(××)、(××A)或(××B)

（续）

梁类型	代号	序号	跨数及是否有悬挑
悬挑梁	XL	××	（××）、（××A）或（××B）
井字梁	JZL	××	（××）、（××A）或（××B）

注：1. （××A）为一端有悬挑，（××B）为两端有悬挑，悬挑不计入跨数。

    2. 楼层框架扁梁节点核心区代号为 KBH。

    3. 22G101—1图集中的非框架梁、井字梁表示端支座为铰接；当非框架梁、井字梁端支座上部纵筋充分利用钢筋的抗拉强度时，在梁代号后加"g"。

    4. 当非框架梁按受扭设计时，在梁代号后加"N"。

【例 4-1】 "KL7（5A）"，表示第 7 号框架梁，5 跨，一端有悬挑；L9（7B）表示第 9 号非框架梁，7 跨，两端有悬挑。

【例 4-2】 "Lg7（5）"，表示第 7 号非框架梁，5 跨，端支座上部纵筋充分利用了钢筋的抗拉强度。

【例 4-3】 "LN5（3）"，表示第 5 号受扭非框架梁，3 跨。

知识点二　梁的平面注写方式

梁平法施工图可用平面注写方式或截面注写方式表达。

梁平面布置图应分别按梁的不同结构层（标准层），将全部梁和与其相关联的柱、墙、板一起采用适当比例绘制。

梁的平面注写方式是指在梁平面布置图上，分别在不同编号的梁中各选一根梁，在其上注写截面尺寸和配筋具体数值，以此来表达梁平法施工图。在编号时，数字应按一定顺序排列，如自上而下、从左向右等，以方便查找。

梁的平面注写又包括集中标注与原位标注，集中标注表达梁的通用数值，原位标注表达梁的特殊数值。当集中标注中的某项数值不适用于梁的某部位时，则将该项数值进行原位标注，施工时以原位标注取值优先。

在梁平法施工图中，尚应按规定注明各结构层的顶面标高及相应的结构层号。对于轴线未居中的梁，应标注其偏心定位尺寸。

知识点三　集中标注

梁集中标注的内容有五个必注项及一个选注项（集中标注可从梁跨引出），规定如下：

1）梁编号，该项为必注项。

2）梁截面尺寸，该项为必注项。当为等截面梁时，用 $b \times h$ 表示；有竖向加腋梁时，用 $b \times h$ $Yc_1 \times c_2$ 表示，其中 c_1 为腋长，c_2 为腋高；有水平加腋梁时，用 $b \times h$ $PYc_1 \times c_2$ 表示，其中 c_1 为腋长，c_2 为腋宽，加腋部位应在平面图中绘制。加腋样式如图 4-2 和图 4-3 所示。

当有悬挑梁且根部和端部的高度不同时，用斜线分隔根部与端部的高度值，即为 $b \times h_1/h_2$。

3）梁箍筋，包括钢筋的级别、直径、加密区与非加密区的间距及肢数，该项为必注

梁集中标注
（三维模型）

项。箍筋加密区与非加密区的不同间距及肢数需用斜线"/"分隔；当加密区与非加密区的箍筋肢数相同时，则将肢数注写一次；箍筋肢数应写在括号内。

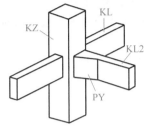

图 4-2 梁水平加腋

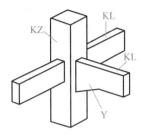

图 4-3 梁竖向加腋

【例 4-4】 "Φ10@100/200(4)"表示箍筋为 HRB400 钢筋，直径为 10mm，加密区间距为 100mm，非加密区间距为 200mm，均为四肢箍。"Φ8@100(4)/150(2)"表示箍筋为 HRB400 钢筋，直径为 8mm，加密区间距为 100mm，四肢箍；非加密区间距为 150mm，两肢箍。

非框架梁、悬挑梁、井字梁采用不同的箍筋间距及肢数时，也用斜线"/"将其分隔开来。

【例 4-5】 "13Φ10@150/200(4)"表示箍筋为 HRB400 钢筋，直径为 10mm；梁的两端各有 13 个四肢箍，间距为 150mm；梁跨中部分间距为 200mm，四肢箍。"18Φ12@150(4)/200(2)"表示箍筋为 HRB400 钢筋，直径为 12mm；梁的两端各有 18 个四肢箍，间距为 150mm；梁跨中部分间距为 200mm，双肢箍。

4）梁上部通长筋或架立筋配置（通长筋可为相同或不同直径采用搭接连接、机械连接或焊接的钢筋），该项为必注项。所注规格与根数应根据结构受力要求及箍筋肢数等构造要求而定。当同排纵筋中既有通长筋又有架立筋时，应用加号"+"将通长筋和架立筋分开。注写时需将角部纵筋写在加号的前面，架立筋写在加号后面的括号内，以示不同直径及与通长筋的区别。当全部采用架立筋时，则将其全部写入括号内。

【例 4-6】 "2Φ22+(4Φ12)"用于六肢箍，其中 2Φ22 为通长筋，4Φ12 为架立筋。

当梁的上部纵筋和下部纵筋全跨相同，且多数跨配筋相同时，此项可加注下部纵筋的配筋值，用分号";"将上部与下部纵筋的配筋值分隔开来，少数跨不同的，注写在原位处。

【例 4-7】 "3Φ22；3Φ20"表示梁的上部配置Φ22 的通长筋，梁的下部配置Φ20 的通长筋。

5）梁侧面纵向构造钢筋或抗扭钢筋配置，该项为必注项。当梁腹板高度 ≥450mm 时，需配置纵向构造钢筋，所注规格与根数应符合规范规定。此项注写以大写字母 G 打头，接续注写设置在梁两个侧面的总配筋值，且对称配置。

【例 4-8】 "G4Φ12"表示梁的两个侧面共配置 4Φ12 的纵向构造钢筋，每侧各配置 2Φ12。

当梁侧面需配置受扭纵向钢筋时，此项注写值以大写字母 N 打头，接续注写配置在梁两个侧面的总配筋值，且对称配置。受扭纵向钢筋应满足梁侧面纵向构造钢筋的间距要求，且不再重复配置纵向构造钢筋。

【例 4-9】 "N6φ22"表示梁的两个侧面共配置 6φ22 的受扭纵向钢筋,每侧各配置 3φ22。

6)梁顶面标高高差,该项为选注项。梁顶面标高高差是指相对于结构层楼面标高的高差值;对于位于结构夹层的梁,则是指相对于结构夹层楼面标高的高差。有高差时,需将其写入括号内,无高差时不注。

注意,当某梁的顶面高于所在结构层的楼面标高时,其标高高差为正值,反之为负值。

知识点四 原位标注

梁原位标注规定如下:

1)梁支座上部纵筋,该部位含通长筋在内的所有纵筋。

① 当上部纵筋多于一排时,用斜线"/"将各排纵筋自上而下分开。

原位标注
(三维模型)

【例 4-10】 梁支座上部纵筋注写为"6φ25 4/2",表示上一排纵筋为 4φ25,下一排纵筋为 2φ25。

② 当同排纵筋有两种直径时,用加号"+"将两种直径的纵筋相连,注写时将角部纵筋写在前面。

【例 4-11】 梁支座上部有四根纵筋,2φ25 放在角部,2φ22 放在中部,在梁支座上部应注写为"2φ25+2φ22"。

③ 当梁中间支座两边的上部纵筋不同时,须在支座两边分别标注;当梁中间支座两边的上部纵筋相同时,可仅在支座的一边标注配筋值,另一边省去不注。

2)梁下部纵筋要求:

① 当下部纵筋多于一排时,用斜线"/"将各排纵筋自上而下分开。

【例 4-12】 梁下部纵筋注写为"6φ25 2/4",表示上一排纵筋为 2φ25,下一排纵筋为 4φ25。

② 当同排纵筋有两种直径时,用加号"+"将两种直径的纵筋分开,注写时角筋写在前面。

③ 当梁下部纵筋不全部伸入支座时,将梁支座下部纵筋减少的数量写在括号内。

【例 4-13】 梁下部纵筋注写为"6φ25 2(-2)/4",表示上排纵筋为 2φ25,且不伸入支座;下一排纵筋为 4φ25,全部伸入支座。梁下部纵筋注写为"2φ25+3φ22(-3)/5φ25",表示上排纵筋为 2φ25 和 3φ22,其中 3φ22 不伸入支座;下一排纵筋为 5φ25,全部伸入支座。

④ 当梁的集中标注中已分别注写了梁上部和下部均为通长的纵筋值时,则不需在梁下部重复做原位标注。

⑤ 当梁设置竖向加腋时,加腋部位的下部斜纵筋应在支座下部以 Y 打头注写在括号内,22G101—1 图集中的框架梁竖向加腋构造适用于加腋部位参与框架梁计算的情况,有其他情况时设计人员应另行给出构造要求。当梁设置水平加腋时,水平加腋内的上、下部斜纵筋应在加腋支座上部以 Y 打头注写在括号内,上、下部斜纵筋之间用"/"分隔。

3)当在梁上集中标注的内容(即梁的截面尺寸、箍筋、上部通长筋或架立筋、梁侧面纵向构造钢筋或受扭纵向钢筋,以及梁顶面标高高差中的某一项或几项数值)不适用于某跨或某悬挑部分时,则将其不同数值原位标注在该跨或该悬挑部位。

当在多跨梁的集中标注中已注明加腋，而该梁某跨的根部却不需要加腋时，则应在该跨原位标注等截面的 $b×h$，以修正集中标注中的加腋信息。

4）附加箍筋或吊筋，将其直接画在平面图中的主梁上，用线引注总配筋值（附加箍筋的肢数注在括号内）。当多数附加箍筋或吊筋相同时，可在梁平法施工图上统一注明；少数与统一注明值不同时，再原位引注。

【素养园地】《营造法式》

宋代李诚创作的建筑学著作《营造法式》中关于房屋建造有这样的描述："凡梁之大小，各随其广分为三分，以二分为厚"。

意思是说，梁的横截面高宽比为 3∶2 时最佳。为了验证这一说法，用现在的力学弯曲强度算出来的最佳高宽比为 1.414！和《营造法式》里面描述的是不是很接近？

这些发现要比西方领先数百年。在西方，最早进行梁的木承重实验的是意大利画家、工程师达芬奇，但他没有意识到高宽比的重要性。

同学们，是不是惊叹于我国古代劳动人民的智慧啊！

任务二　识读梁截面注写

学习目标：

【知识目标】

1. 掌握梁截面注写方式。

2. 掌握梁截面绘制。

【能力目标】

能够识读采用截面注写方式绘制的梁施工图。

【重点】

梁截面注写方式的规则。

【难点】

1. 梁平面注写和截面注写的不同之处。

2. 梁截面绘制的内容。

任务简介：

依据配套图纸，本任务主要讲解梁截面注写方式，通过本任务学习能够识读梁的施工图。仔细对比梁平面注写和截面注写的同异，试看从一种表达方式向另一种表达方式转换。

绘制梁截面时的主要问题不是计算，而是识读时容易混淆或忽略原位标注的效力。

课前掌握：

查阅 22G101—1 图集、《结构规范》，了解图集和规范中关于梁截面注写的相关内容。

知识点一　截面注写方式

梁截面注写方式是指在分标准层绘制的梁平面布置图上，分别在不同编号的梁中各选择一根梁用剖面号引出配筋图，并在其上注写截面尺寸和配筋具体数值，以此来表达梁平法施工图。

对所有梁按 22G101—1 的规定进行编号，从相同编号的梁中选择一根梁，先将单边截面号画在该梁上，再将截面配筋详图画在本图或其他图上。当某梁的顶面标高与结构层的楼面标高不同时，尚应继其梁编号后注写梁顶面标高高差（注写规定与平面注写方式相同）。

在截面配筋详图上注写截面尺寸、上部筋、下部筋、侧面构造筋或受扭筋以及箍筋的具体数值时，其表达形式与平面注写方式相同。

对于框架扁梁尚需在截面详图上注写未穿过柱截面的纵向受力筋的根数。对于框架扁梁节点核心区的附加钢筋，需采用平面图、剖面图表达节点核心区的附加纵向钢筋、柱外核心区全部的竖向拉筋以及端支座的附加 U 形箍筋，并注写其具体数值。

梁截面注写方式既可以单独使用，也可与平面注写方式结合使用。当表达异型截面梁的尺寸与配筋时，用截面注写方式相对比较方便。

知识点二　梁截面绘制

【例 4-14】　依据图 4-4 绘制 1—1 和 2—2 截面，绘图比例为 1∶20。

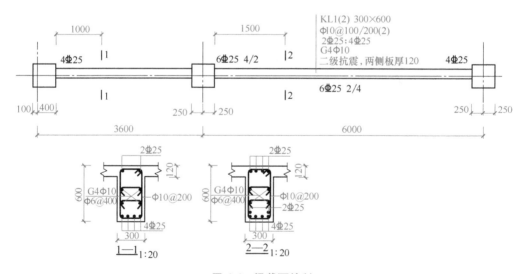

图 4-4　梁截面绘制

【解】　梁截面信息包括：轮廓尺寸，上部和下部纵筋、腰筋、拉筋、箍筋以及相关的尺寸和文字注释，所以需要一一识读。但因本次任务是在梁钢筋构造之前，故对纵筋判定不作要求。

（1）1—1 截面绘制要素：

1）截面尺寸 "300×600"：依据集中标注要求。

2）板厚 "120"。

3）上部纵筋"2⏿25"：需根据截面位置判定是否截到支座负筋，此处暂不要求，理解即可。

4）下部纵筋"4⏿25"：依据集中标注要求。

5）侧面纵筋"G4φ10"：依据集中标注要求。

6）拉筋"φ6@400"：依据钢筋构造要求。

7）图名"1—1"。

（2）2—2截面绘制要素：

1）截面尺寸"300×600"：依据集中标注要求。

2）板厚"120"。

3）上部纵筋"4⏿25"：需根据截面位置判定是否截到支座负筋，此处暂不要求，理解即可。

4）下部纵筋"6⏿25 2/4"：依据原位标注要求。

5）侧面纵筋"G4φ10"：依据集中标注要求。

6）拉筋"φ6@400"：依据钢筋构造要求。

7）图名"2—2"。

任务三　掌握梁上部纵筋构造

学习目标：

【知识目标】

1. 掌握梁上部贯通筋构造。

2. 掌握梁上部边支座负筋构造。

3. 掌握梁上部中间支座负筋构造。

4. 掌握梁上部通长筋构造。

5. 掌握梁上部纵筋的连接。

【能力目标】

能够识读施工图中梁上部纵筋构造。

【重点】

梁上部纵筋的贯通构造，支座负筋的伸出长度。

【难点】

1. 梁纵筋在柱内的锚固长度计算。

2. 边支座负筋的跨内伸出长度计算。

3. 中间支座负筋的跨内伸出长度计算。

4. 支座负筋和通长筋的连接长度。

任务简介：

依据配套图纸，本任务主要讲解梁上部纵筋的构造做法，通过本任务学习能够掌握梁上部纵筋的长度计算。

梁上部角部处的纵筋不可缺少，是设计师容易忽略的地方，计算时要确定好连接方式、连接部位等。中间处支座负筋的长度计算主要考虑取净跨长的最大值。

课前掌握：

查阅 22G101—1 图集、《结构规范》，了解图集和规范中关于梁上部纵筋构造做法的相关内容。

引入案例

框架梁上部纵筋构造如图 4-5 所示。

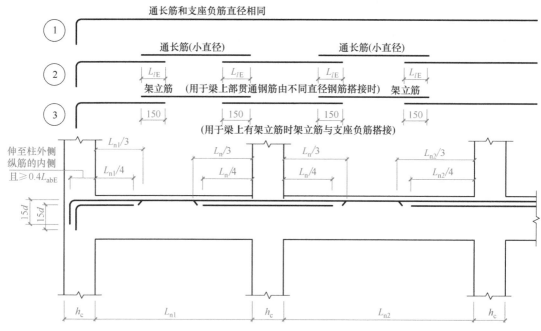

图 4-5　框架梁上部纵筋构造

梁上部纵筋
（三维模型）

知识点一　梁上部纵筋构造

框架梁纵向钢筋分为上部纵筋和下部纵筋，上部纵筋包括：上部通长筋、支座负筋和架立筋。

1. 上部通长筋与支座负筋的直径相等时

一般情况下，框架梁上部通长筋的角部钢筋与支座负筋直径相等，因而贯通设置，参见图 4-5 中的①号筋。此时，如果钢筋材料足够长，则无须接头；通长筋需要连接的时候，可以在跨中 1/3 跨度的范围之内进行。需注意的是，此连接一般每跨只允许出现一次。

【讨论与思考 2】　在框架结构中间节点处，上部纵筋的连接位置在 1/3 跨中处，为什么？

【解析】　在框架结构中间节点处，在荷载作用下，梁上部纵筋一般承受负弯矩，拉力较大，故钢筋不能在此处连接；而梁下部纵筋承受正弯矩，承受压力，故可以在支座处连接。

2. 上部通长筋直径小于支座负筋时

通长筋直径小于支座负筋时，可采用绑扎、机械连接或焊接等方式进行连接，参见图4-5中的②号钢筋，连接点位于离支座1/3处，连接长度取L_{lE}。

对于连接方式的选择，务必要依据结构说明。一般情况下，直径比较小的钢筋（例如14mm以下的钢筋）可使用绑扎搭接，直径较大的钢筋（14mm以上的钢筋）可采用机械连接或焊接。不同直径的钢筋进行连接时，直径相差在两级以内时采用机械连接或焊接，当钢筋直径相差在两级以上时需使用绑扎搭接。

3. 上部通长筋为架立筋时

当纵筋数少于箍筋肢数时要补充架立筋，以固定箍筋，下部纵筋多于上部纵筋时往往会出现这种情况。架立筋搭接位置仍在离支座1/3处，但搭接长度为150mm。

4. 支座负筋长度

1）框架梁端支座处的支座负筋延伸长度（L_n是边跨的净跨长度）：

① 第一排支座负筋从柱边开始延伸至$L_n/3$位置。

② 第二排支座负筋从柱边开始延伸至$L_n/4$位置。

2）框架梁中间支座的支座负筋延伸长度：

① 第一排支座负筋从柱边开始延伸至$L_n/3$位置。

② 第二排支座负筋从柱边开始延伸至$L_n/4$位置。

注意，中间支座处的支座负筋两侧对称相等，因而相邻跨不相等时，L_n为相邻跨净跨长度的最大值。

知识点二　梁上部纵筋锚固

柱为梁的支座，因此梁的纵筋需锚固在柱内。根据22G101—1图集要求，梁上部纵筋在柱内锚固有两种方式：直锚和弯锚。判定条件：当$h_c - C \geq L_{aE}$时采用直锚，此时支座称为宽支座；当$h_c - C < L_{aE}$时采用弯锚。其中，h_c为柱边长，C为柱保护层厚度，L_{aE}为梁在柱内的抗震锚固长度。

弯锚包括弯钩和直锚段两部分，弯钩长取$15d$，其中d为梁纵筋直径。直锚段在下料时应伸至柱外侧纵筋内侧之后再下弯，在设计时也要满足$\geq 0.4 L_{abE}$。因此，梁在柱内的锚固长度可用$(h_c - C - d_1 - D_1 - 25) + 15d$计算。其中，$d_1$为柱箍筋直径，$D_1$为柱纵筋直径，25mm是考虑可能出现的梁弯钩与柱纵筋避让的尺寸，如图4-6所示。

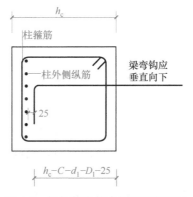

图4-6　梁纵筋在柱内锚固时的避让

任务四　掌握梁下部纵筋构造

学习目标:

【知识目标】

1. 掌握梁下部纵筋构造及长度计算。

2. 掌握梁下部不伸入支座的纵筋构造及长度计算。

【能力目标】

能够计算梁下部纵筋长度。

【重点】

梁下部纵筋的锚固。

【难点】

1. 梁下部纵筋在边支座内的锚固长度计算。

2. 梁下部纵筋在中间支座内的锚固长度计算。

3. 不伸入支座的梁下部钢筋长度计算。

任务简介:

结合配套图纸,本任务主要讲解梁下部纵筋的构造做法,通过本任务学习能够计算梁下部纵筋的长度。

一般情况下,梁下部纵筋是贯通设置的,所以重点在于计算支座处的锚固长度。同时还要注意,在中间支座处梁下部纵筋能贯通则贯通,不能为了计算而计算,不能改成各自直锚。

课前掌握:

查阅 22G101—1 图集、《结构规范》,了解图集和规范中关于梁下部纵筋构造做法的相关内容。

知识点一　梁下部纵筋连接

如图 4-7 所示,梁下部钢筋连接位于靠近支座处,同一连接区段内的钢筋接头面积百分率不宜大于 50%。

知识点二　梁下部纵筋锚固

1. 边支座处

边支座处,梁下部纵筋锚固同上部纵筋,需伸至柱外侧纵筋内侧,且水平锚固长度 $\geq 0.4L_{abE}$。若判定该柱为宽支座,那么钢筋也可以直锚,锚固长度 $\geq L_{aE}$ 且 $\geq 0.5h_c + 5d$。

2. 中间支座处

梁下部纵筋锚固在柱内,锚固长度 $\geq L_{aE}$ 且 $\geq 0.5h_c + 5d$。

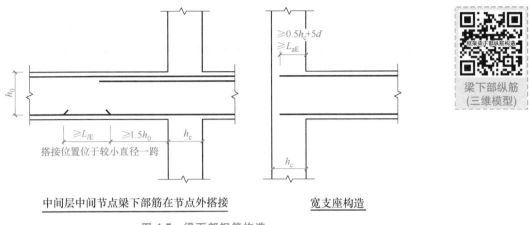

中间层中间节点梁下部筋在节点外搭接　　　　　宽支座构造

图 4-7 梁下部钢筋构造

3. 不伸入柱下部纵筋

当柱内钢筋过多时，可将部分框架梁下部纵筋（非角部）不伸至支座。

【例 4-15】 试分析 6 Φ 24（-2）2/4。

【解】 梁下部纵筋如此注写时，说明纵筋共有六根，型号为 Φ 24，分两排布置，下排四根，上排两根，且上排两根不伸入支座内。此纵筋端部设置在距离柱边 $0.1L_n$ 处即可。

任务五　掌握梁侧向钢筋构造

学习目标：

【知识目标】

1. 掌握框架梁构造腰筋的构造及长度计算。
2. 掌握框架梁受扭腰筋的构造及长度计算。
3. 掌握拉筋构造及长度计算。

【能力目标】

能够识读施工图中梁侧向钢筋的构造做法，并计算其长度。

【重点】

梁腰筋构造。

【难点】

1. 梁构造腰筋在支座内的锚固长度。
2. 梁受扭腰筋在支座内的锚固长度。
3. 梁拉筋的构造做法及长度计算。

任务简介：

结合配套图纸，本任务主要讲解梁侧向钢筋的构造做法，通过本任务学习能够计算梁侧向钢筋的长度。

梁受扭侧向钢筋等同于梁下部纵筋的做法，梁构造钢筋则不同，计算也更简单。

课前掌握：

查阅22G101—1图集、《结构规范》，了解图集和规范中关于梁侧向钢筋构造做法的相关内容。

知识点一　腰筋构造要求

梁侧向钢筋俗称"腰筋"，包括梁侧面构造钢筋和抗扭钢筋。

当梁侧受扭时设置抗扭钢筋，用 N 表示；当梁的腹高大于设计值时设置构造钢筋，用 G 来表示。例如，"G4Φ12"是指梁侧设置型号为Φ12的构造腰筋，每侧各两根。梁高减去板厚称为腹高，用 h_w 表示。

1）当 $h_w \geqslant 450mm$ 时，在梁两侧沿高度范围内配置纵向构造钢筋，其钢筋间距≤200mm。

2）当梁侧面配置抗扭钢筋时，构造钢筋不再设置。

3）梁侧面构造钢筋的搭接与锚固长度均取 15d。

4）梁侧面抗扭钢筋的锚固方式同框架梁下部纵筋。

如图4-8所示，截面1—1与2—2的腰筋布置看起来一样，实则并不一样，构造钢筋以腹高范围均匀布置；抗扭钢筋则是从梁上部纵筋和下部纵筋之间进行均匀布置。

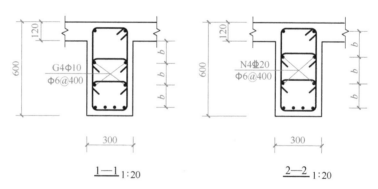

图 4-8　梁截面示例

知识点二　腰筋的计算

【例4-16】　计算图4-9中 KL1(2)侧向钢筋的长度。

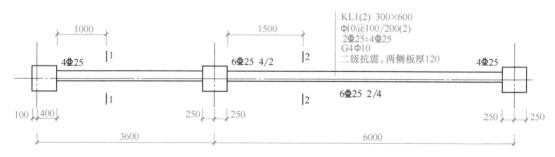

图 4-9　例 4-16 图

【解】　构造钢筋长度＝净跨+2×15d

左跨净跨值 L_1 ＝（3600-400-250）mm＝2950mm，右跨净跨值 L_2 ＝（6000-250-250）mm＝5500mm

左跨侧面构造钢筋单根长度＝2950mm+2×15×10mm＝3250mm

右跨侧面构造钢筋单根长度＝5500mm+2×15×10mm＝5800mm

梁侧钢筋
（三维模型）

知识点三　拉筋

梁侧向钢筋需要设置拉筋，当梁宽≤350mm 时，拉筋直径取 6mm；当梁宽≥350mm 时，拉筋直径取 8mm。拉筋间距为非加密区箍筋间距的两倍。当设有多排拉筋时，上下两排的拉筋竖向错开设置。

施工时，拉筋可紧靠纵向钢筋并勾住箍筋，既可同时勾住箍筋及拉筋，也可只勾住箍筋；拉筋弯钩为135°，弯钩的平直段长度为 10d 和 75mm 中的最大值。

对于非框架梁和不考虑地震作用的悬挑梁，其弯钩平直段长度取 5d。

任务六　梁箍筋计算

学习目标：

【知识目标】

1. 掌握框架梁箍筋加密区长度计算。

2. 掌握框架梁箍筋根数计算。

3. 掌握箍筋单根长度计算。

【能力目标】

能够识读图纸，掌握箍筋长度和根数的计算。

【重点】

梁箍筋加密区的长度计算。

【难点】

1. 加密区计算长度和加密区实际长度的确定。

2. 箍筋根数计算。

3. 单根箍筋长度的计算。

任务简介：

依据配套图纸，本任务主要讲解梁箍筋长度和根数的计算，通过本任务学习能够计算梁箍筋的长度和根数，并掌握梁箍筋摆放的规则。

梁箍筋计算和柱箍筋计算大同小异，确定出了加密区长度，问题就迎刃而解了。在计算箍筋根数时，要考虑主、次梁相交处的附加箍筋，不要遗漏。

课前掌握：

查阅 22G101—1 图集、《结构规范》，了解图集和规范中关于梁箍筋构造做法的相关内容。

⊞》引入案例

楼层框架梁、屋面框架梁箍筋加密区范围如图 4-10 所示。

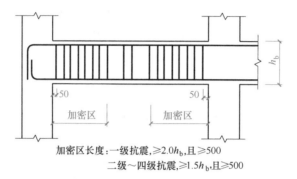

加密区长度：一级抗震，≥2.0h_b,且≥500
二级~四级抗震，≥1.5h_b,且≥500

图 4-10 楼层框架梁、屋面框架梁箍筋加密区范围

知识点一　框架梁箍筋加密区长度

图集 22G101—1 中框架梁箍筋加密区的设置要求如图 4-10 所示，有以下要求：

1）梁支座附近应设箍筋加密区，当抗震等级为一级时，加密区长度 ≥500mm 且 ≥2.0h_b（h_b 为梁截面高度）；当抗震等级为二~四级时，加密区长度为 ≥500mm 且 ≥1.5h_b。

2）第一根箍筋距支座边 50mm。

3）弧形梁沿中心线展开，箍筋间距沿凸面线量度和摆放。

4）主梁和次梁相交处，箍筋不用加密。

知识点二　梁箍筋根数计算

1. 加密区箍筋根数

1）加密区长度 $L_{加}$ = max（2×梁截面长边尺寸或 1.5×梁截面长边尺寸，500）。

2）布筋范围 L = $L_{加}$-50。

3）单侧箍筋根数 N_1 = L÷加密区间距 s_1+1 （向上取整）。

4）根据"向上取整"原则重新计算实际加密区长度 $L_{实}$ = 50+（n-1）×s_1。

2. 非加密区箍筋根数

1）实际非加密区长度 $L_{非}$ = 梁净跨长度 L_n-$L_{实}$×2。

2）非加密区箍筋根数 N_2 = $L_{非}$÷箍筋非加密间距 s_2-1 （向上取整，减 1 的原因是加密区和非加密区有两根钢筋在计算时是重合的，此处和柱箍筋计算雷同）。

3）全部箍筋根数 = 2×N_1+N_2。

【讨论与思考 3】　在计算根数时，为什么采用向上取整而不采用四舍五入？

【解析】　设计师在设计时，存在为了节省材料而选取箍筋最大间距的做法，如果在计算时仍用四舍五入法进行舍弃，箍筋间距就有可能不符合受力要求了。向上取整的意思是取比此数更大的整数。

【讨论与思考 4】　在计算箍筋根数时，"布置范围÷加密区间距"取整之后，为什么还要"加 1"？

【解析】　这就是常见的"植树问题"。

因为人们习惯以0为起点计算数值，而植树或布置箍筋应该以1为起点进行计数。也可理解为，以0为起点主要计算长度，以1为起点主要计算数量。

【例4-17】　抗震框架梁KL2，截面尺寸为300mm×700mm，箍筋注释为"$\Phi 10@100/200$（2）"，一级抗震，净跨长L_n为6600mm，计算箍筋根数。

【解】　（1）加密区箍筋根数计算：

1）$L_{加}=\max(2×梁截面长边尺寸,500)=2×700mm=1400mm$。

2）$L=加密区长度-50=1400mm-50mm=1350mm$。

3）$N_1=L÷s_1+1=1350÷100+1=14.5$根，取15根。

4）$L_{实}=(n-1)×s_1+50=1450mm$。

（2）非加密区箍筋根数计算：

1）$L_{非}=L_n-L_{实}×2=6600mm-1450×2mm=3700mm$。

2）$N_2=3700÷200-1=17.5$根，取18根。

3）全部箍筋根数=$2×15$根+18根=48根。

知识点三　梁箍筋单根长度计算

梁箍筋单根长度计算要点：

1）箍筋计算时，往往取内箍周长，即一边箍筋内侧到另一边箍筋内侧的距离。

2）箍筋弯钩包括两部分：直段和弯钩段。直段长取$\max(75,10d)$，大多数箍筋直径≥8mm，因此直段长度大多数取$10d$。

箍筋弯钩角度为135°（极少数非框架梁可取90°和180°，但不作为参考值），弯钩段长度一般取$1.9d$。因此，箍筋弯钩长度=$(10d+1.9d)×2=23.8d$，箍筋有两个弯钩，所以式中要乘以2。当箍筋直径小于8mm时，箍筋弯钩长度=$2×(75+1.9d)$。

3）一个闭合箍筋的长度=内箍周长+$23.8d$。也就是说，计算箍筋长度的关键在于计算各边的内箍长度。以图4-11为例，内箍周长=梁宽长-$2×$保护层厚度-$2×$箍筋直径，梁宽边长=$b-2×c-2d$，梁高边长=$h-2×c-2d$，则内箍周长=$2×(b-2×c-2d)+2×(h-2×c-2d)=2×(b+h)-8c-8d$。其中，$b$为梁宽，$h$为梁高，$c$为梁保护层厚度，$d$为箍筋直径。所以，梁最外侧箍筋长度=$2×(b+h)-8c-8d+23.8d=2×(b+h)-8c+15.8d$。

4）如图4-11所示，箍筋为一大一小组合，小箍筋长度要计算内箍周长加弯钩长度。其中，内箍周长的梁高方向已经表示出，为$h-2×c-2d$，只需计算短边长度即可。

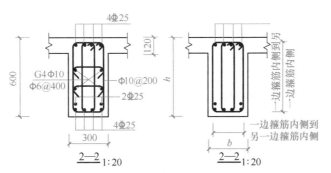

图4-11　梁截面箍筋组合

钢筋摆放时有个准则：箍筋应均匀布置，这里的均匀是指纵筋净间距相等。

此处，假设纵筋净间距为 S，纵筋直径为 D，则短边长可用 $S+2D$ 来表示。纵筋直径可通过图纸识读出，S 则可用通过边长 b 求得，则有

$$b = 2c+2d+3S+4D$$

$$S = (b-2c-2d-4D)\div 3$$

那么小箍筋内箍周长 $= 2S+2(h-2\times c-2d)+23.8d$。

注意，梁、柱和剪力墙等构件的箍筋单根长度的计算是一致的，不同构件只需根据纵筋和箍筋的摆放关系灵活处理即可。

任务七　掌握非框架梁钢筋构造

🔲 学习目标：

【知识目标】

1. 了解非框架梁平法注写。
2. 掌握非框架梁上部纵筋构造。
3. 掌握非框架梁下部钢筋构造。
4. 掌握非框架梁箍筋长度和根数计算。

【能力目标】

能够识读施工图中非框架梁的信息，并计算其钢筋的长度和根数。

【重点】

非框架梁平法注写及钢筋构造。

【难点】

1. 对比框架梁和非框架梁，分析注写方式的不同。
2. 对比框架梁和非框架梁，分析上部纵筋，尤其是支座负筋的构造区别。
3. 对比框架梁和非框架梁，分析下部纵筋的构造区别。
4. 对比框架梁和非框架梁，分析箍筋计算方法的差异。

🔲 任务简介：

依据配套图纸，本任务主要讲解非框架梁的平法注写方式以及钢筋的构造做法，通过本任务学习能够识读图纸上的非框架梁。在学习过程中，主要对比框架梁和非框架梁，通过对比两者之间的差异来更快地学习。需要注意的是，非框架梁为非抗震梁。

🔲 课前掌握：

查阅 22G101—1 图集、《结构规范》，了解图集和规范中关于非框架梁平法注写及钢筋构造的内容。

知识点一　非框架梁

在平法图集中，非框架梁用 L 表示，主要起到分割板的作用。非框架梁在注写时和框

架梁一样，这里不再说明。下面对非框架梁和框架梁不一样的地方作一下对比，见表 4-2。

表 4-2 非框架梁和框架梁对比

	非框架梁	框架梁
地震作用	不考虑	考虑
箍筋	一般不加密	一般两侧需要加密
支座	框架梁	柱
箍筋弯钩长度	不受扭时可取 5d	10d

知识点二 非框架梁钢筋构造

非框架梁钢筋构造如图 4-12 所示。

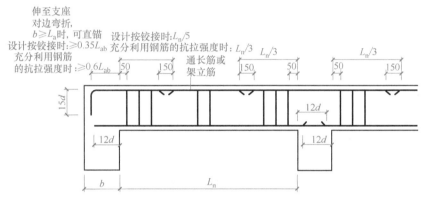

图 4-12 非框架梁钢筋构造

根据非框架梁和框架梁的同异进行对比识读，见表 4-3。

表 4-3 非框架梁和框架梁对比识读

做法	非框架梁	框架梁
通长筋搭接	150mm	L_{lE}（架立筋时取 150mm）
支座负筋伸出长度	铰接时取 $L_n/5$，充分利用钢筋的抗拉强度时取 $L_n/3$	第一排 $L_n/3$ 第二排 $L_n/4$
支座负筋锚固长度	铰接时取 $\geq 0.35L_{ab}$，充分利用钢筋的抗拉强度时取 $\geq 0.6L_{ab}$；伸至梁外侧的纵筋下弯	$\geq 0.4L_{abE}$；伸至柱外侧的纵筋下弯
下部纵筋锚固长度	均取 12d	中间支座处长度 $\geq L_{aE}$ 且 $\geq 5d$，边支座处长度同上部纵筋

【例 4-18】 识读图 4-13 所示非框架梁 L1。

【解】 识读如下：

（1）L1 共有 2 跨，梁宽 250mm，梁高 550mm，见集中标注第一行。

（2）L1 箍筋直径为 8mm，箍筋牌号为 HPB300，间距为 200mm，两肢箍，见集中标注第二行。

（3）L1 上部纵筋为 2⌀25，下部纵筋为 4⌀25，见集中标注第三行。

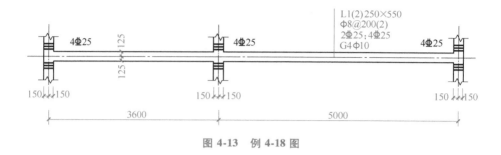

图 4-13 例 4-18 图

（4）L1 每侧有 2 根直径为 10mm 的牌号为 HPB300 的钢筋，见集中标注第四行。

（5）梁上支座负筋均为 4Φ25。

任务八　掌握悬挑梁钢筋构造

学习目标：

【知识目标】

1. 掌握悬挑梁平法注写。

2. 掌握悬挑梁钢筋构造。

【能力目标】

能够识读施工图中的悬挑梁部分，掌握悬挑梁钢筋构造。

【重点】

悬挑梁识读。

【难点】

1. 悬挑梁在注写时和框架梁的差异。

2. 悬挑梁延伸悬挑在支座内的钢筋构造。

3. 悬挑梁纯悬挑在支座内的钢筋构造。

4. 悬挑梁端部钢筋构造。

5. 悬挑梁在悬挑长度不同时钢筋构造的变化。

任务简介：

依据配套图纸，本任务主要讲解悬挑梁的平法注写规则，通过本任务学习能够识读施工图中悬挑梁的内容。大多数悬挑为延伸悬挑，且悬挑梁的跨度不会太长。根据这一原则，在学习时可适当选择重要的节点进行学习。同时，还要遵循钢筋能通则通的原则，上部钢筋应尽量连续。

课前掌握：

查阅 22G101—1 图集、《结构规范》，了解图集和规范中关于悬挑梁平法注写和钢筋构造的相关内容。

带一端悬挑的框架梁钢筋构造如图 4-14 所示。

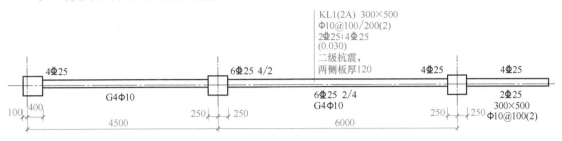

图 4-14　带一端悬挑的框架梁钢筋构造

知识点一　悬挑梁识读

悬挑梁分为延伸悬挑和纯悬挑。延伸悬挑由相邻的框架梁延伸而成；纯悬挑则没有相邻的框架梁，一般会出现在层间或者受力较小的地方。

纯悬挑梁用 XL 表示，只有一侧有支座，另一侧悬空。延伸悬挑则标注在相邻梁的集中标注里，单侧悬挑用 A 表示，两侧悬挑用 B 表示。其他表示方法与框架梁一致。

知识点二　悬挑梁钢筋构造

悬挑梁钢筋构造如图 4-15 所示。

1. 纵筋锚固

纯悬挑梁同框架梁，延伸悬挑在没有梁顶高差或梁顶高差不大的情况下，可以连续。

2. 上部纵筋端部做法

1）当只有一排纵筋，且悬挑长度 $L < 4h_b$（悬挑梁根部高度）时，纵筋全部伸至梁端，向下弯 12d（d 为钢筋直径）。

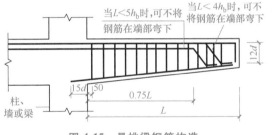

图 4-15　悬挑梁钢筋构造

梁的悬挑端节点（三维模型）

2）当只有一排纵筋，且悬挑长度 $L \geq 4h_b$ 时，可将不超过半数的纵筋在端部弯下，取 45°即可，末端水平长度 $\geq 10d$，其中角筋不能弯下。

3）当有两排纵筋，且悬挑长度 $L < 5h_b$ 时，第二排钢筋全部伸至梁端，向下弯 12d（d 为钢筋直径）。

4）当有两排纵筋，且悬挑长度 $L \geq 5H_b$ 时，第二排钢筋在 0.75L 处弯下，做法同第一排纵筋。

3. 下部钢筋

下部钢筋的端部留保护层厚度，支座内锚固的水平长度为 15d。

模块五 板识读及钢筋构造

任务一 识读板平法注写

本任务主要讲解板平法注写,通过本任务学习能够识读板的施工图。

需要注意,传统的板施工图和板的平法注写有所不同,在图纸不烦琐的情况下大多不用平法进行注写,这就要求两种方法要融会贯通。

在进行板的注写时,可能会出现信息遗漏、标高对应不一致等问题,注写时要结合建筑图纸进行修正,发现问题后应及时咨询设计单位,不可自行处理图纸信息。

课前掌握:

查阅22G101—1图集,了解图集中关于板的平法注写的相关内容。

知识点一　板的种类

1）板按结构类型划分可分为有梁板和无梁板（表 5-1），支座为梁或剪力墙时为有梁板。

表 5-1　有梁板和无梁板的优（缺）点

板类型	优点	缺点
有梁板	刚度大,抗震性强,防水性好,对不规则平面适应性强	模板耗费量较大、施工周期长
无梁板	节约模板、施工周期短	板较厚,需要较高等级的混凝土和钢筋,延性较差

2）板按施工方法划分可分为现浇板和预制板。

3）板按力学特征划分可分为悬挑板和楼板。

① 悬挑板一般只有一边支承，如挑檐板、阳台板、雨篷板等；有时也会有两边支承，但支承需相邻，若在对边就称为楼板。

② 楼板一般有四边支承，也有两边和三边支承的情况。

4）板按配筋特点划分可分为单向板和双向板。

① 两边支承的板应按单向板计算。

② 四边支承的板应按下列规定计算：当长边与短边长度之比≤2 时，应按双向板计算；当长边与短边长度之比>2 但<3 时，宜按双向板计算；当长边与短边长度之比≥3 时，宜按沿短边方向受力的单向板计算，并应沿长边方向布置构造钢筋。

③ 悬挑板都是单向板，受力筋方向与悬挑方向一致。

知识点二　板内钢筋类别

板钢筋工程图如图 5-1 所示。如图 5-2 所示，板内钢筋主要有纵筋、负筋和分布筋三种。

纵筋包括板的上部纵筋和下部纵筋。单向板沿着短边布置的钢筋为受力钢筋，双向板两边都是受力钢筋。

图 5-1　板钢筋工程图

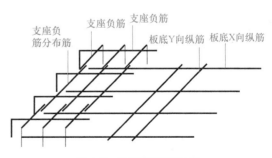

图 5-2　板钢筋类型示意

支座负筋是承受负弯矩的钢筋，一般位于梁的上部靠近支座的部位或板的上部靠近支座部位，也是受力筋的一种。

分布筋设置在支座负筋上时，可以起到固定负筋的作用，防止受力钢筋在混凝土浇捣时的移位；设置在板面上时，主要用来防止板面开裂，也可用于抵抗因温度变化和混凝土收缩而在垂直于板跨方向产生的拉应力。温度筋不同于其他分布筋，也是受力筋的一种。

知识点三 板平法注写规则

无梁楼盖应用较少，故本书以有梁楼盖为例进行讲解。有梁楼盖平法施工图可采用平面注写法，主要包括板集中标注和板支座原位标注。

1. 板集中标注

板集中标注的内容有：板块编号、板厚、上部贯通纵筋、下部纵筋以及当板面标高不同时的标高高差。

对于普通楼面，两向均以一跨为一板块。所有板块应逐一编号，相同编号的板块可择其一作集中标注，其他仅注写置于圆圈内的编号以及当板面标高不同时的标高高差。

板块编号按表 5-2 的规定进行。

表 5-2 板块编号

板类型	代号	序号
楼面板	LB	××
屋面板	WB	××
悬挑板	XB	××

板厚注写为 $h=×××$（表示垂直于板面的厚度）；当悬挑板的端部改变截面厚度时，用斜线分隔根部与端部的高度值，注写为 $h=×××/×××$；当设计已在图注中统一注明板厚时，此项可不注。

纵筋按板块的下部纵筋和上部贯通纵筋分别注写（当板块上部不设贯通纵筋时则不注），并以 B 代表下部纵筋，以 T 代表上部贯通纵筋，B&T 代表下部与上部；x 向纵筋以 X 打头，y 向纵筋以 Y 打头，两向纵筋配置相同时则以 X&Y 打头。

当为单向板时，分布筋可不必注写，而在图中统一注明。

当在某些板内（例如在悬挑板 XB 的下部）配置有构造钢筋时，则 x 向以 Xc、y 向以 Yc 打头注写。

当 y 向采用放射配筋时（切向为 x 向，径向为 y 向），设计人员应注明配筋间距的定位尺寸。

当纵筋采用两种规格钢筋"隔一布一"方式时，表达为 $xx/yy@×××$，表示直径为 xx 的钢筋和直径为 yy 的钢筋二者之间的间距为×××。直径 xx 的钢筋的间距为×××的 2 倍，直径 yy 的钢筋的间距为×××的 2 倍。

板面标高高差是指相对于结构层楼面标高的高差，应将其注写在括号内，且有高差则注，无高差则不注。

【例 5-1】 有一楼面板块注写为：LB5　$h=110$

B：X Φ 12@ 120；Y Φ l0@ 110

表示 5 号楼面板，板厚 110mm，板下部配置的纵筋 x 向为"Φ 12@ 120"，y 向为"Φ 10@ 110"；板上部未配置贯通纵筋。

【例 5-2】　有一悬挑板注写为：XB2　　$h=150/100$

B：Xc&Yc ⏀8@ 200

表示 2 号悬挑板，板根部厚 150mm，端部厚 100mm，板下部配置构造钢筋双向均为 "⏀8@ 200"（上部受力钢筋见板支座原位标注）。

同一编号板块的类型、板厚和纵筋均应相同，但板面标高、跨度、平面形状以及板支座上部非贯通纵筋可以不同，如同一编号板块的平面形状可以是矩形、多边形及其他形状等。进行施工预算时，应根据其实际平面形状，分别计算各块板的混凝土与钢材用量。

2. 板支座原位标注

板支座原位标注的内容为：板支座上部非贯通纵筋和悬挑板上部受力钢筋。

板支座原位标注的钢筋，应在配置相同跨的第一跨表达（当在梁悬挑部位单独配置时，则在原位表达）。在配置相同跨的第一跨（或梁悬挑部位），垂直于板支座（梁或墙）绘制一段适宜长度的中粗实线（当该筋通长设置在悬挑板或短跨板上部时，实线段应画至对边或贯通短跨），以该线段代表支座上部非贯通纵筋，并在线段上方注写钢筋编号（如①、②等）、配筋值、横向连续布置的跨数（注写在括号内，当为一跨时可不注），以及是否横向布置到梁的悬挑端。

注释时，（××）为横向布置的跨数，（××A）为横向布置的跨数及一端的悬挑梁部位，（××B）为横向布置的跨数及两端的悬挑梁部位。

板支座上部非贯通筋自支座边向跨内的伸出长度，注写在线段的下方位置。

如图 5-3 所示，当中间支座上部非贯通纵筋向支座两侧对称伸出时，可仅在支座一侧线段下方标注伸出长度，另一侧不注。

当支座两侧非对称伸出时，应分别在支座两侧线段下方注写伸出长度。

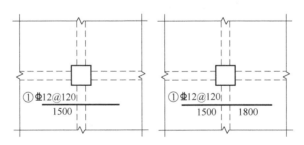

图 5-3　板支座上部纵筋伸出

【例 5-3】　在板平面布置图的某部位，横跨支承梁绘制的对称线段上注有 "⑦⏀12@ 100（5A）" 和 "1500"。表示支座上部⑦号非贯通纵筋为 "⏀12@ 100"，从该跨起沿支承梁连续布置 5 跨再加上梁一端的悬挑端，该筋自支座边向两侧跨内的伸出长度均为 1500mm。

当板的上部已配置有贯通纵筋，但需增配板支座上部非贯通纵筋时，应结合已配置的同向贯通纵筋的直径与间距，采取 "隔一布一" 的方式配置。"隔一布一" 方式是指非贯通纵筋的标注间距与贯通纵筋相同，两者组合后的实际间距为各自标注间距的 1/2。

【例 5-4】　板上部已配置贯通纵筋 "⏀12@ 250"，该跨同向配置的上部支座，非贯通纵筋为 "⑤⏀12@ 250"。表示在该支座上部设置的纵筋实际为 "⏀12@ 125"，其中 1/2 为贯通纵筋，1/2 为⑤号非贯通纵筋（伸出长度值略）。

原位标注有时也会注明板面与结构面的高差。

【素养园地】 **友善的邻里关系，隔声很必要**

居住在多层住宅楼中的人们，有很多人碰到过住房隔声效果不好的问题，白天不明显，晚上到了睡眠时间却听到了隔壁邻居隐约的说话声、电话铃声，楼上的脚步声、冲坐便器的流水声、水龙头的振动声等。购房者在买房甚至是验收现房时，很难发现隔声不良的问题，一旦装修完毕，满心欢喜入住后受到噪声的干扰时，后悔已经来不及了。

对于混凝土地面，行之有效的一种隔声方法是加隔声垫层，即在钢筋混凝土楼板上先铺一层减振垫层（一般为 4~10mm 厚），再在上面浇灌混凝土垫层（一般为 40~80mm 厚，需配筋），形成"三明治"状的弹性夹心结构。有隔声垫层的"浮筑地面"比原混凝土地面的撞击声声量要显著降低，大大降低了生活噪声。这种构造做法已日趋成熟，在北京奥林匹克花园、深圳红树西岸等房地产项目中采用了这种"浮筑地面"构造，实测数据非常理想。

除在混凝土地面上加隔声垫层外，还可在楼板面层上铺设弹性面层材料，弹性面层材料减弱了撞击的能量及楼板的振动，可改善楼板的隔声效果，降低楼板撞击的声压级。撞击声改善量的大小取决于面层材料的弹性，弹性越好，撞击声改善的起始频率越低，曲线的坡度越低。这种方法在新建的酒店、宾馆应用较多，如铺设地毯、地毡等。

卫生间也是一大噪声来源，主要有坐便器的自动上水阀门和洗面盆的水龙头及上下水管道的击水声，解决此类问题的方法有两种：一是采用低噪声阀门、低噪声管道（如内螺旋的双层排水管道）；二是防止由器具产生的噪声传播到墙体及楼板上，处理办法是在坐便器洗面盆与墙地面之间采用柔性连接（如固定螺钉加硅胶衬垫），在石质台面与支架及墙面之间加入硅胶垫。另外，各种管道应纳入管道井，管道井的每层之间应用隔声材料封堵，管道与固定支架之间应加入柔性材料。

当然了，想一点声音都没有是不可能的，我们还是要保持良好的心态，通过合理的方式解决问题。

任务二　掌握板钢筋构造

学习目标：

【知识目标】

1. 掌握板上部纵筋边支座钢筋的锚固。
2. 掌握板上部纵筋中间支座钢筋的锚固。
3. 掌握板下部纵筋支座处钢筋的锚固。
4. 掌握板支座负筋构造。
5. 掌握板支座负筋分布筋的构造。
6. 了解板内的其他钢筋。

【能力目标】

具备板钢筋工程量计算的能力，掌握钢筋摆放的规则。

【重点】

板上部纵筋构造，板下部纵筋构造。

【难点】

1. 板上部纵筋在边支座内的锚固。

2. 板支座负筋构造。

3. 板支座负筋分布筋的长度和根数计算。

4. 板面其他分布筋，如温度分布筋、抗裂分布筋等。

5. 板内纵筋的上下位置关系。

任务简介：

本任务主要讲解板钢筋构造，通过本任务学习能够布置板钢筋，并具备计算板内钢筋工程量的能力。有些不规则楼板在注写时并不规范，此时务必咨询设计师。

板内纵筋的上下位置关系可以总结为"短在外"，即不管是位于上部还是下部，永远是短向钢筋在外。这里的"外"是指下部纵筋在最下方，上部纵筋在最上方。"隔一布一"问题也应该会遇到，同学们在识读时不要遗漏。

板内其他钢筋可在结构说明中找到。

课前掌握：

查阅 22G101—1 图集，了解图集中关于板内纵筋的构造做法的相关内容，比较一下板钢筋和梁钢筋锚固的差异。

知识点一　板纵筋边支座锚固

板纵筋边支座锚固如图 5-4 所示。

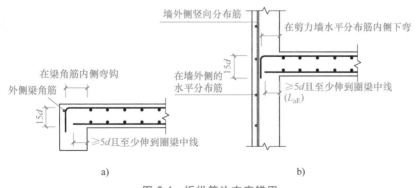

图 5-4　板纵筋边支座锚固

a）端部支座为梁　b）端部支座为剪力墙

板的支座可以是梁、剪力墙，也可以是柱（略），板纵筋边支座锚固要求如下：

1）板上部纵筋（包括支座负筋）需伸至梁外侧角筋的内侧下弯，弯钩为 $15d$（d 为纵筋直径）。同时，设计按铰接时，水平直锚段长度仍要满足 $\geq 0.35L_{ab}$ 的要求；充分利用钢筋的抗拉强度时，水平直锚段长度应满足≥$0.6L_{ab}$的要求。

2）板上部纵筋（包括支座负筋）伸至剪力墙水平钢筋内侧下弯，弯钩为$15d$（d为纵筋直径）。同时，设计时水平直锚段长度仍需满足≥$0.4L_{ab}$的要求。

3）板下部纵筋锚固于支座内的长度≥$5d$且至少伸至支座中线。

4）当支座宽度>L_a时，板上部纵筋也可以直锚。

5）图5-4括号内数值用于转换层楼板构造。

知识点二 板中间支座负筋构造及连接

板中间支座负筋构造及连接如图5-5所示。

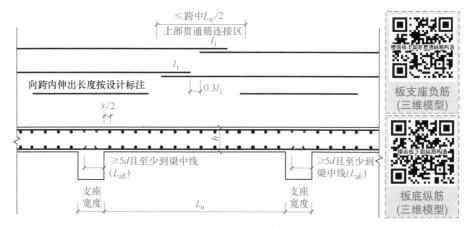

图 5-5 板中间支座负筋构造及连接

1）支座负筋是板原位标注的主要内容，钢筋信息和跨内伸出长度都会明确地注写。钢筋信息需包含编号，钢筋的等级、直径和间距。跨内伸出长度一般自支座中心线算起，但具体做法应以结构图纸为准。中间支座的负筋向两侧伸出时一般会对称，所以只标注一侧即可。支座负筋弯钩可取板厚减去两个保护层厚度求得。

【例 5-5】 计算图5-6中③号支座的负筋长度L_3。

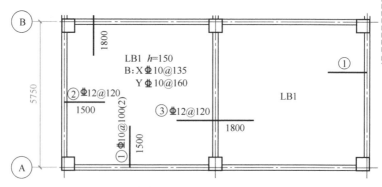

注：支座负筋从梁边开始标注。保护层厚度为20，梁宽均为250，居中放置。

图 5-6 例 5-5 图

【解】　已知梁宽 $b=250$mm，板厚均为 150mm，保护层厚度为 20mm，跨内延伸长度为 1800mm。所以，$L_3=2\times1800$mm$+250$mm$=3850$mm。

【例 5-6】　计算图 5-6 中①号支座的负筋长度 L_1。假设梁保护层厚度为 30mm，纵筋为 ⊈25，箍筋为 ⊈10。

【解】　已知梁宽 $b=250$mm，板厚均为 150mm，保护层厚度为 30mm，跨内延伸长度为 1500mm，结合题意，支座内锚固长度可用公式"梁宽－梁保护层厚度－梁箍筋直径－梁纵筋直径$+15d$"计算，则有

$$L_1=(250-30-10-25+15\times10)\text{mm}+1500\text{mm}=1835\text{mm}$$

2）上部纵筋可在跨中 $L_n/2$ 范围内连接，相邻接头至少错开 $0.3L_1$，钢筋接头面积百分率一般取 25%。

3）板内支座负筋在施工时需要固定，因此需设置支座负筋的分布筋，与支座负筋搭接 150mm。

4）为了减少板面裂缝，也会在板面设置抗裂分布筋，与支座负筋搭接 150mm。不过，当抗裂分布筋用作温度分布筋时，与支座负筋的搭接长度则改为 L_1。事实上，此时板内纵筋一般会以双层双向配筋的形式出现。

5）板内纵筋在施工时应注意上下关系，原则是"短在外"，即下部钢筋的短向在长向的下方，上部钢筋的短向在长向的上方。

6）板分布筋根数的计算方法类似箍筋，即 $L/s+1$。其中，L 为分布筋分布范围，$L=L_n-s$，L_n 为板净跨长，s 为分布筋间距。计算结果遇到小数时向上取整，比如 15.3 根应取 16 根。

模块六　剪力墙识读及钢筋构造

任务一　了解剪力墙结构

【知识目标】

1. 了解剪力墙结构。
2. 了解剪力墙结构组成。

【能力目标】

能够识读施工图中的剪力墙部分。

【重点】

剪力墙结构组成。

【难点】

1. 剪力墙的作用。
2. 剪力墙结构建筑的类型。
3. 剪力墙结构组成。
4. 对墙身的理解。
5. 墙梁的分类及理解。
6. 墙柱的类别及理解。

任务简介:

本任务主要讲解与剪力墙相关的结构体系以及剪力墙各部分的组成,为后续剪力墙构件的学习打下基础。

本任务主要以理解为主,剪力墙结构与框架结构相比,其变化较为复杂,加深对结构形式的掌握对平法的理解有很大益处。

学习剪力墙结构时应简化处理,不要把构件或节点复杂化,可以在学习时先忽略实际,然后在实际中再反刍所学到的知识点,进行应用。

课前掌握:

查阅22G101—1图集、《结构规范》,了解图集和规范中关于剪力墙结构的内容;同学们查询上海中心大厦的资料,从建筑和结构方面进行简单的分析。

知识点一　剪力墙结构

剪力墙又称抗震墙或结构墙，是房屋或构筑物中主要承受由风荷载或地震作用引起的水平荷载和竖向荷载（重力）的墙体，防止结构发生剪切（受剪）破坏。和填充墙不同，剪力墙是由钢筋混凝土浇筑而成的。

与剪力墙相关的现浇混凝土结构主要有如下三个类型：

1. 剪力墙结构

剪力墙结构是由钢筋混凝土墙体构成的承重体系，在竖向是钢筋混凝土墙板，在水平方向是将钢筋混凝土的楼板搭在墙上。

2. 框架-剪力墙结构

框架结构中有时把框架梁、柱之间的矩形空间设置成现浇钢筋混凝土墙，用以加强框架的空间刚度和抗剪能力，这样的结构称为框架-剪力墙结构。

3. 筒体结构

由一个或多个竖向筒体（由剪力墙围成的薄壁筒或由密柱框架构成的框筒）组成的结构，称为筒体结构。

图 6-1　上海中心大厦

【例 6-1】　上海中心大厦如图 6-1 所示。截止到 2023 年，上海中心大厦是中国的第一高楼，地上 127 层，地下 5 层，结构高 580m，建筑总高度为 632m。机动车停车位布置在地下，可停放 2000 辆机动车。

耸入云霄，俯瞰上海，它不是一栋简单的办公楼，它集办公、零售、餐饮和其他商业活动为一体，是一个具有多种用途的综合性大楼。

它的结构是钢筋混凝土核心筒-外框架结构（型钢柱+钢板剪力墙）。

知识点二　剪力墙结构组成

如图 6-2 所示，剪力墙因洞口的设置而被分割成许多不同的部分，分别为墙身、墙柱和墙梁。

剪力墙的组成（微课）

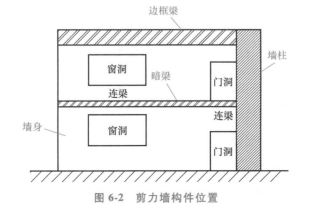

图 6-2　剪力墙构件位置

剪力墙的组成（三维模型）

1. 墙身

墙身就是一道钢筋混凝土墙，常见厚度在 200mm 以上，一般配置两排钢筋网，更厚的墙也可以配置三排及三排以上的钢筋网。墙身类似一块竖起的楼板。

2. 墙柱

从可视角度来讲，墙柱分为两大类：暗柱（图 6-3a）和端柱（图 6-3b）。从构件位置来讲，墙柱分为边缘构件和非边缘构件。边缘构件又分为两类：约束边缘构件和构造边缘构件。

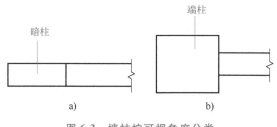

图 6-3 墙柱按可视角度分类

a）暗柱 b）端柱

约束边缘构件包括约束边缘暗柱、约束边缘端柱、约束边缘翼墙和约束边缘转角墙四种；构造边缘构件包括构造边缘暗柱、构造边缘端柱、构造边缘翼墙（图 6-4）和构造边缘转角墙（图 6-5）四种。

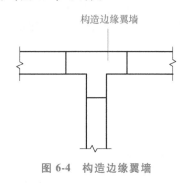

图 6-4 构造边缘翼墙

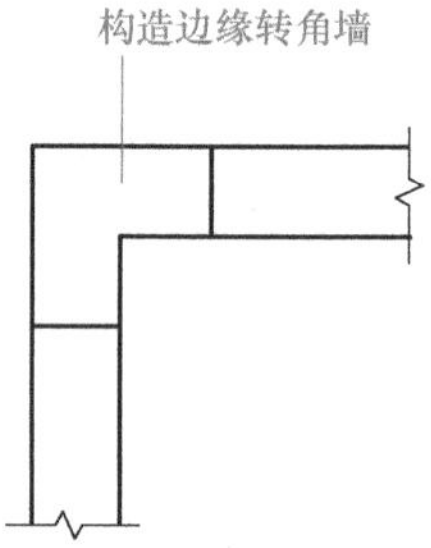

图 6-5 构造边缘转角墙

3. 三种墙梁：连梁、暗梁和边框梁

1）连梁是上下楼层门（窗）洞口之间的那部分墙体。

2）暗梁与暗柱有部分共性，因为都是隐藏在墙身内部看不见的构件，是墙身的一个组成部分。

3）边框梁与暗梁有很多共同之处，边框梁一般设置在楼板以下部位，但边框梁的截面宽度比暗梁要宽。也就是说，边框梁的截面宽度大于墙身厚度，因而形成了凸出剪力墙面的一个边框。

剪力墙的组成如图 6-6 所示。

【思考 1】 连梁、暗梁和边框梁是否可以重合，出现在同一个位置？

知识点三 材料与结构要求

1. 材料要求

剪力墙混凝土宜采用 C20、C25、C30 或更高强度等级，且应根据相应的环境类别、结

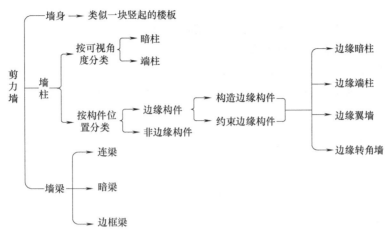

图 6-6 剪力墙的组成

构类型进行调整。水平及竖向分布钢筋宜采用 HRB400 牌号,构造钢筋可采用 HPB300 牌号。

2. 结构要求

剪力墙结构要求见表 6-1。

表 6-1 剪力墙结构要求

部位	规范选取(部分)	出处
墙身	结构定义:竖向构件截面长边、短边比值大于 4 时,宜按墙的要求进行设计	《结构规范》中第 9.4.1 节
墙身	墙水平分布钢筋的配筋率和竖向分布钢筋的配筋率不宜小于 0.2%	《结构规范》中第 9.4.4 节

【思考 2】 剪力墙洞口率指的是什么?为什么要设置洞口?洞口对剪力墙有什么样的影响?

任务二 识读剪力墙墙身注写

学习目标:

【知识目标】

1. 了解剪力墙墙身钢筋的种类。

2. 掌握剪力墙墙身截面法注写。

3. 掌握剪力墙墙身列表法注写。

【能力目标】

能进行剪力墙墙身的识读。

【重点】

剪力墙墙身的识读。

【难点】

1. 剪力墙墙身水平钢筋、竖向钢筋和拉筋的作用。

2. 剪力墙墙身列表法注写的内容。

3. 剪力墙墙身厚度和钢筋排数的关系。

4. 剪力墙墙身水平钢筋的注写，内侧钢筋和外侧钢筋的确定。

5. 剪力墙拉筋的设置方式。

任务简介：

本任务主要讲解剪力墙墙身注写，通过本任务学习能够识读施工图中剪力墙墙身注写的内容。剪力墙墙身类似竖起的楼板，主要钢筋有竖向分布筋、水平分布筋和拉筋三种，其中竖向钢筋可对比柱纵筋进行学习。

课前掌握：

查阅图集22G101—1，了解图集中关于剪力墙墙身注写的相关内容。

知识点一　墙身钢筋种类

剪力墙墙身钢筋主要有水平分布筋、竖向分布筋和拉筋。

1. 水平分布筋

水平分布筋的作用：

1）抵抗顺着墙长方向而来的水平荷载或水平地震作用对墙体的剪力效应。

2）约束墙体混凝土因轴力压缩产生的侧向膨胀变形，以提高墙的轴向承载能力。

剪力墙结构
（三维模型）

2. 竖向分布筋

竖向分布筋的作用：

1）架立、固定水平分布筋的位置并保持其均匀的间距。

2）抵抗偶然遇到的由墙体计算平面外荷载产生的弯曲效应，维持墙体竖立稳定。

3）与水平分布筋共同约束墙体混凝土因轴力压缩产生的侧向膨胀变形。

3. 拉筋

拉筋的作用：

1）保证剪力墙竖向分布筋及水平分布筋的位置。

2）起到抗剪作用，满足体积配箍率的要求。

3）保证混凝土不开裂，消除温度应力。

4）传递集中力和剪力。

知识点二　剪力墙墙身注写

剪力墙墙身注写主要有列表法和截面法两种，两种注写的内容是一致的，本书以列表法为例进行讲解，具体数据见表6-2。

表6-2　剪力墙列表法注写

编号	标高/m	墙厚/mm	水平分布筋	竖向分布筋	拉筋（矩形）
Q1	−0.030~30.270	300	⚼12@200	⚼12@200	Φ6@600@600
	30.270~59.070	250	⚼10@200	⚼10@200	Φ6@600@600
Q2	−0.030~30.270	300	⚼12@200	⚼10@200	Φ6@600@600
	30.270~59.070	250	⚼10@200	⚼10@200	Φ6@600@600

1. 墙身编号

墙身编号由墙身代号、序号组成。墙体用字母 Q 表示。

剪力墙墙身编号的规则：当若干墙的截面尺寸与配筋均相同，仅截面与轴线的关系不同时，可将其编为同一墙号；当若干墙身的厚度尺寸和配筋均相同，仅墙厚与轴线的关系不同或墙身长度不同时，也可将其编为同一墙号，但应在图中注明与轴线的关系。

2. 标高

图中应注写各段墙身的起止标高，自墙身根部向上注写。剪力墙同柱，在竖向上需连续注写标高，变截面处应分行注写标高，同一标高分段内的钢筋和截面尺寸相同，见墙身编号的规则。剪力墙的墙身根部一般是指基础顶面（部分框支剪力墙结构则为框支梁的顶面）。

3. 墙厚

当墙身所设置的钢筋有两排时可不标注钢筋，其他排数应写在"Q"后面的括号内。墙厚与排数的关系：当剪力墙厚度大于 400mm 时，应配置双排钢筋；当剪力墙厚度大于 400mm，但不大于 700mm 时，宜配置三排钢筋；当剪力墙厚度大于 700mm 时，宜配置四排钢筋。

4. 水平分布筋和竖向分布筋

各排水平分布筋和竖向分布筋的直径与间距宜保持一致。

【例6-2】　水平分布筋注写为"⚼12@200"，试进行识读。

【解】　墙体水平分布筋，钢筋牌号为 HRB400，每间隔 200mm 放置一根。

【讨论与思考】　剪力墙钢筋内侧和外侧怎么区分？

【解】　从图6-7~图6-9中可看出，判断钢筋属于内侧还是外侧，主要依据钢筋所在梁边与柱边的关系，靠近柱边的就是外侧，靠近柱内侧的就是内侧。

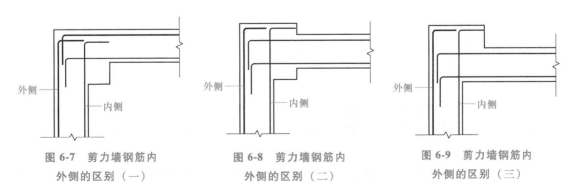

图6-7　剪力墙钢筋内外侧的区别（一）　　图6-8　剪力墙钢筋内外侧的区别（二）　　图6-9　剪力墙钢筋内外侧的区别（三）

5. 拉筋

拉筋应同时勾住剪力墙的外排水平纵筋的竖向纵筋，当多于两排时，还应与剪力墙内排水平纵筋和竖向纵筋绑扎在一起。

拉筋的布置方式有矩形和梅花形，如图 6-10 所示。

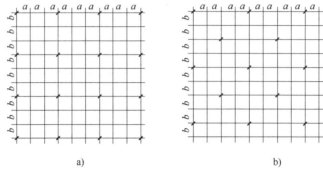

a)   b)

图 6-10 剪力墙拉筋布置方式

a）拉筋@ $3a$@ $3b$ 矩形（$a \leqslant 200$、$b \leqslant 200$） b）拉筋@ $4a$@ $4b$ 梅花形（$a \leqslant 150$、$b \leqslant 150$）

任务三 掌握剪力墙墙柱钢筋构造

📒 学习目标：

【知识目标】

1. 掌握剪力墙墙柱平法注写。

2. 掌握剪力墙墙柱纵向钢筋连接。

3. 掌握剪力墙墙柱纵筋锚固。

【能力目标】

能识读剪力墙施工图纸中的墙柱内容，掌握其钢筋构造。

【重点】

剪力墙墙柱钢筋构造。

【难点】

1. 剪力墙墙柱的类别，以及每个类型发挥的作用。

2. 剪力墙墙柱注写的内容，以及与框架柱的不同。

3. 对比框架柱纵筋、剪力墙纵筋的连接。

4. 对比剪力墙墙柱纵筋、框架柱纵筋的锚固。

📒 任务简介：

本任务主要讲解剪力墙墙柱钢筋构造，通过本任务学习能够识读施工图中剪力墙墙柱钢筋构造的内容。但是剪力墙墙柱工程量较大、较烦琐，计算部分学生以理解为主，不再单独讲述和训练。

剪力墙墙柱纵筋构造并非复杂，只是和墙身竖向钢筋及框架柱纵筋有所不同，在记忆时容易混淆。对于剪力墙墙柱在基础内的锚固，本书对比介绍框架柱在基础内的锚固，分析它们的差异。

▷▷ 课前掌握：

查阅 22G101—1 图集，了解图集中关于剪力墙墙柱注写及钢筋构造的相关内容。

知识点一　剪力墙墙柱注写

剪力墙墙柱编号由代号和序号组成，表达形式应符合表 6-3 的规定。

表 6-3　剪力墙墙柱编号

墙柱类型	代号	序号
约束边缘构件(约束墙柱)	YBZ	××
构造边缘构件(构造墙柱)	GBZ	××
非边缘暗柱	AZ	××
扶壁柱	FBZ	××

因为剪力墙墙柱形状多变，很难通过集中标注进行注写，所以施工图中的多数剪力墙墙柱采用列表方式加截面方式的形式进行注写。

剪力墙墙柱注写的规定如下：

1）注写墙柱编号，绘制该墙柱的截面配筋图，标注墙柱几何尺寸。

2）注写各段墙柱的起止标高，自墙柱根部往上以变截面位置或截面未变但配筋改变处为界分段注写。

3）注写各段墙柱的纵向钢筋和箍筋，注写值应与在列表中绘制的截面配筋图对应一致。纵向钢筋注总配筋值；墙柱箍筋的注写方式与柱箍筋相同。

知识点二　剪力墙墙柱纵筋构造

1. 剪力墙墙柱纵向钢筋的连接

22G101—1 图集中将剪力墙墙柱称为边缘构件。如图 6-11 所示，边缘构件的连接方式分为三种：绑扎连接、机械连接和焊接，其连接规则和框架柱非常相似，只是有个别数据不一样。

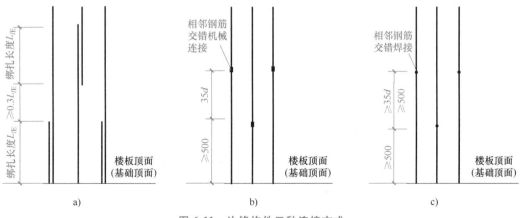

图 6-11　边缘构件三种连接方式
a）绑扎连接　b）机械连接　c）焊接

（1）绑扎连接

绑扎连接时，边缘构件不再考虑嵌固部位的影响，均采用 L_{lE} 的连接长度，且不存在底部非连接区的要求。

（2）机械连接

机械连接时，底部非连接区的长度≥500mm，和框架柱中的不同。

（3）焊接

焊接时，底部非连接区的长度≥500mm，和框架柱中的不同。

2. 剪力墙墙柱的锚固

1）框架柱的基础一般是独立基础，而剪力墙边缘构件的基础多是条形基础或筏形基础。当然，这并不影响钢筋锚固的选择。

2）边缘构件的锚固有四种情形，本书以两种常见的锚固形式为例进行讲解，即混凝土保护层厚度大于 $5d$ 时的钢筋做法。

① 如图 6-12 所示，当基础满足直锚条件时，只需将角筋伸至基础钢筋网，弯钩取 max（$6d$，150），其他纵筋直锚长度≥L_{aE} 即可。

② 如图 6-13 所示，当基础不满足直锚条件时，需将所有纵筋都伸至基础钢筋网，弯钩取 $15d$。

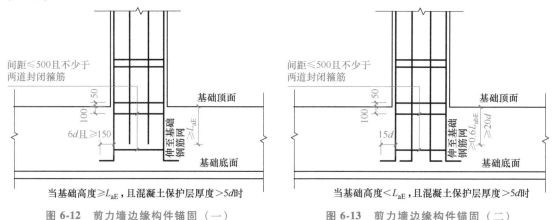

图 6-12　剪力墙边缘构件锚固（一）　　　　图 6-13　剪力墙边缘构件锚固（二）

在剪力墙边缘构件中角筋所指的位置如图 6-14 所示。

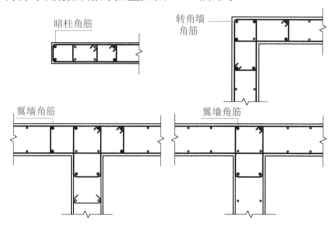

图 6-14　在剪力墙边缘构件中角筋所指的位置

任务四　掌握剪力墙墙梁钢筋构造

学习目标：

【知识目标】

1. 了解剪力墙墙梁的类型。

2. 了解剪力墙墙梁注写的内容。

3. 掌握剪力墙墙梁钢筋构造。

【能力目标】

能识读剪力墙施工图中墙梁部分的内容，并掌握其钢筋构造。

【重点】

剪力墙墙梁识读。

【难点】

1. 剪力墙墙梁的类型及其布置的部位。

2. 剪力墙墙梁表中注写的内容。

3. 对比连梁纵筋、框架梁纵筋构造。

4. 连梁箍筋在不同位置连梁中的设置要求。

任务简介：

本任务主要讲解剪力墙墙梁钢筋构造，通过本任务学习能够识读施工图中剪力墙墙梁钢筋构造的内容。

剪力墙墙梁锚固在边缘构件中，一般情况下边缘构件的尺寸可以满足连梁纵筋的直锚要求，当然也需要进行判断，而梁纵筋在柱内的锚固一般不用判断。识图时要注意楼层连梁和屋面连梁的区别。

课前掌握：

查阅 22G101—1 图集，了解图集中关于剪力墙墙梁注写及钢筋构造的相关内容。

知识点一　剪力墙墙梁注写

剪力墙墙梁编号由代号和序号组成，表达形式应符合表 6-4 的规定。

表 6-4　剪力墙墙梁编号

墙梁类型	代号	序号
连梁	LL	××
连梁（对角暗撑配筋）	LL(JC)	××
连梁（对角斜筋配筋）	LL(JX)	××
连梁（集中对角斜筋配筋）	LL(DX)	××
连梁（跨高比不小于5）	LLk	××
暗梁	AL	××
边框梁	BKL	××

剪力墙墙梁注写的规定如下:

1)注写墙梁编号。

2)注写墙梁所在楼层号。

3)注写墙梁顶面标高高差。这里的标高高差是指相对于墙梁所在结构层楼面标高的高差值,高于的为正值,低于的为负值,当无高差时不注。

4)注写墙梁截面尺寸的上部纵筋、下部纵筋和箍筋的具体数值。

【例 6-3】 试识读图 6-15 中的 LL1。

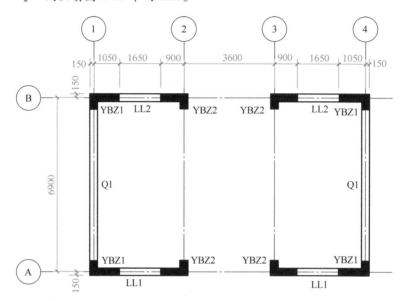

编号	所在楼层号	梁顶相对标高高差	梁截面 $b×h$/mm	上部纵筋	下部纵筋	箍筋
LL1	2	0	300×800	3Φ22	3Φ22	Φ10@100(2)
	3~5	0	300×800	3Φ20	3Φ20	Φ8@100(2)
LL2	2	0.800	300×1200	4Φ22	4Φ22	Φ10@100(2)
	3~5	0.800	300×1200	4Φ20	4Φ20	Φ8@100(2)

	19.470	
5	15.870	3.60
4	12.270	3.60
3	8.670	3.60
2	4.470	4.20
1	−0.030	4.50
层号	标高/m	层高/m

结构层楼面标高
连梁居中布置

注:剪力墙构件混凝土强度等级为C35;抗震等级二级。

图 6-15 例 6-3 图

【解】 1 号连梁,位于 2~5 层,相对楼层标高为 0,即与结构楼面标高平齐。

梁截面尺寸为 300mm×800mm(宽为 250mm,高为 800mm),上部纵筋为 3 根直径为 20mm 的 HRB400 钢筋,下部纵筋为 3 根直径为 20mm 的 HRB400 钢筋。

箍筋直径为 10mm,加密区间距为 100mm,非加密区间距为 200mm,两肢箍,为 HRB400 钢筋。

知识点二 剪力墙连梁钢筋构造

剪力墙连梁钢筋构造如图 6-16 所示,相关构造要求如下:

1）当连梁支座的墙肢尺寸较大时，连梁上下纵筋可直锚，判定条件：支座边长－保护层厚度≥L_{aE} 且≥600mm。当满足不了时，连梁纵筋伸至墙外侧纵筋内侧后弯折 15d。

连梁纵筋在支座内的弯锚长度可参考梁纵筋在柱内的计算，设边缘构件边长为 b，混凝土保护层厚度为 c，箍筋直径为 d，纵筋直径为 D，则锚固长度可表示为 $b-(c+d+D)-25$。

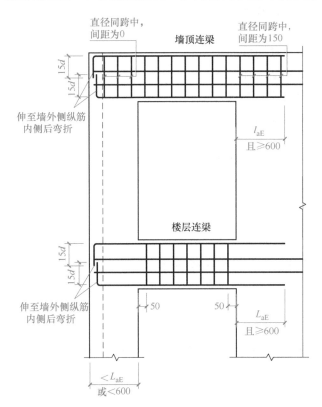

剪力墙屋面
连梁钢筋构造
（三维模型）

图 6-16　剪力墙连梁钢筋构造

2）楼层连梁和墙顶连梁均设置箍筋，但没有加密区要求。注意，墙顶连梁在纵筋范围内都应布置箍筋，而中间层连梁只需在洞口范围内布置，且墙顶连梁在支座内的箍筋间距取固定值 150mm，其直径不变。第一根箍筋距离支座边 50mm。

箍筋根数计算较为简单，参考梁的箍筋计算即可。

3）有些连梁高度较大，侧向又没设腰筋，但并非说明侧向没有钢筋。连梁侧向不设腰筋时仍有钢筋，即剪力墙水平钢筋，其具体构造做法在后面的任务中讲解。

任务五　掌握剪力墙墙身钢筋构造

学习目标：

【知识目标】

1. 掌握剪力墙墙身竖向钢筋构造。

2. 掌握剪力墙墙身水平钢筋构造。

【能力目标】

能够识读施工图中剪力墙钢筋构造。

【重点】

1. 剪力墙墙身竖向钢筋构造。

2. 剪力墙墙身水平钢筋构造。

【难点】

1. 剪力墙墙身竖向钢筋构造。

2. 剪力墙墙身竖向钢筋顶部构造。

3. 剪力墙墙身竖向钢筋在基础内的锚固做法。

4. 剪力墙墙身或墙柱变截面构造的判定。

5. 剪力墙水平钢筋连接做法。

6. 剪力墙水平钢筋在边缘构件内的几种锚固做法。

7. 剪力墙水平钢筋变截面构造。

任务简介：

结合配套图纸，本任务主要学习剪力墙竖向和水平钢筋构造。本次任务可以将剪力墙竖向钢筋、框架柱和剪力墙边缘构件对比起来学习。剪力墙水平钢筋和竖向钢筋在截面变化时的构造做法需要判定，需要牢记判定条件。

课前掌握：

查阅 22G101—1 图集，了解图集中关于剪力墙墙身钢筋构造的相关内容。

知识点一　剪力墙墙身竖向钢筋构造

1. 剪力墙墙体竖向钢筋连接（图 6-17）

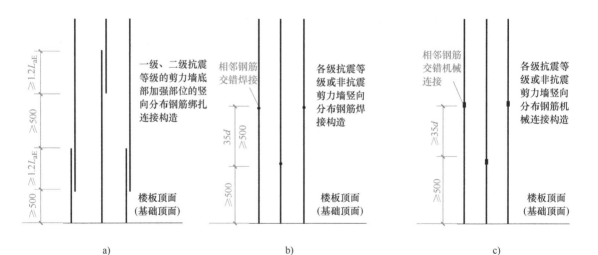

图 6-17　剪力墙墙体竖向钢筋连接

a）绑扎连接　b）焊接　c）机械连接

剪力墙墙体竖向钢筋连接构造和边缘构件类似，主要注写规则如下：

1）绑扎连接：在楼板顶面或基础顶面即可连接，无避开距离（非连接区长度），搭接长度为 $1.2L_{aE}$；当为一级、二级抗震等级的剪力墙底部加强部位时，各排竖向钢筋应错开≥500mm 的距离进行连接；其他剪力墙竖向分布钢筋也可在同一部位连接，但从构件保护来说无益。

2）焊接：应在楼板顶面或基础顶面 500mm 及以上部位进行焊接（非连接区长度），且各排钢筋应错开 max（35d，500）的距离进行交错焊接。

3）机械连接：应在楼板顶面或基础顶面 500mm 及以上部位进行连接（非连接区长度），且各排钢筋应错开≥35d 的距离进行交错连接。

2. 剪力墙墙体竖向钢筋顶部处理（图 6-18）

剪力墙墙体竖向钢筋顶部处理要求如下：

1）竖向分布钢筋可在屋面板或楼板内锚固，钢筋伸至楼板或屋面板顶后做 12d 弯钩；当屋面板上部钢筋与剪力墙外侧竖向钢筋搭接传力时，应做 15d 的弯钩。

2）当墙顶是边框梁时，竖向分布钢筋需锚固在边框梁内，若在边框梁内满足直锚长度 L_{aE} 的要求，直锚即可；当满足不了直锚长度要求时，应做 12d 的弯钩。

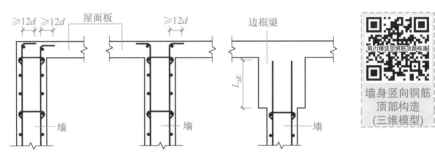

剪力墙竖向钢筋顶部构造

墙身竖向钢筋顶部构造（三维模型）

图 6-18　剪力墙墙体竖向钢筋顶部处理

3. 剪力墙墙体竖向钢筋在基础内的锚固（图 6-19）

剪力墙墙体竖向钢筋在基础内的锚固方式有四种，本书只讲解常见的两种，即混凝土保护层厚度大于 5d 时的做法。

剪力墙墙身基础插筋锚固构造（三维模型）

1）当基础高度 h_j 满足直锚长度 L_{aE} 要求时，剪力墙竖向分布钢筋以"隔二下一"的形式伸至基础底板钢筋网片上并做 max（6d，150）的弯钩，剩余的"二"可直锚。

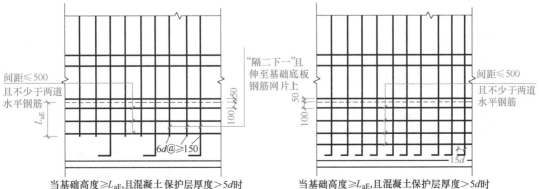

当基础高度≥L_{aE}，且混凝土保护层厚度＞5d时　　当基础高度≥L_{aE}，且混凝土保护层厚度＞5d时

图 6-19　剪力墙墙体竖向钢筋在基础内的锚固

2）当基础高度 h_j 不满足直锚长度 L_{aE} 要求时，剪力墙竖向分布钢筋伸至基础底板钢筋网片上并做 $15d$ 的弯钩。

此两种方式，墙体水平分布钢筋及拉筋在基础内均应不少于两道且间距≤500mm。

4. 剪力墙竖向钢筋变截面构造（图 6-20）

剪力墙竖向钢筋变截面构造要求如下：

1）当变截面长度 $\Delta>30mm$ 时，较厚一侧的剪力墙竖向分布钢筋伸至变截面处并弯折 $12d$，墙厚较小一侧的钢筋从楼板顶往下伸 $1.2L_{aE}$。

2）当 $\Delta\leqslant30mm$ 时，剪力墙钢筋可弯折通过，且弯折段竖向长度应≥6Δ。

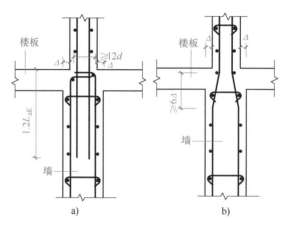

图 6-20 剪力墙竖向钢筋变截面构造
a）$\Delta>30mm$ b）$\Delta\leqslant30mm$

知识点二 剪力墙墙身水平钢筋构造

剪力墙水平钢筋构造（三维模型）

1. 剪力墙墙体水平钢筋连接（图 6-21）

剪力墙墙体水平钢筋的搭接长度≥$1.2L_{aE}$，上下层钢筋应错开≥500mm。

对于中间有边缘构件的墙体，方向不改变时，水平钢筋贯通穿过边缘构件，如翼墙；方向改变时，例如转角墙，外侧水平钢筋沿转角墙的角度弯折但不断开，内侧钢筋断开后分别锚固。当外侧水平钢筋需要连接时，可在钢筋配筋率较小的一侧连接。

2. 剪力墙墙体水平钢筋锚固

1）如图 6-22 所示，当剪力墙端部无暗柱时，墙体水平钢筋伸至距墙边一个保护层厚度时弯折 $10d$，且每道水平钢筋均设双列拉筋；当剪力墙端部有暗柱时，水平钢筋伸至暗柱角筋内侧弯折 $10d$，且在暗柱范围内不设拉筋。

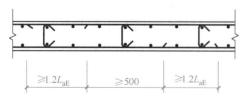

图 6-21 剪力墙墙体水平钢筋连接

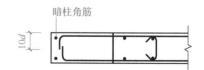

图 6-22 剪力墙墙体水平钢筋在暗柱内锚固

2）如图 6-23 所示，当剪力墙端部为端柱时，剪力墙水平钢筋伸入端柱内的长度大于等于 L_{aE} 时，可直锚，不做弯钩。当无法满足直锚要求时，剪力墙水平钢筋应伸出 $\geqslant 0.6L_{abE}$ 的长度并做 $15d$（d 为水平钢筋的直径）的弯钩。

3）如图 6-24 所示，当剪力墙为转角墙时，墙体内侧水平钢筋应伸至对面并做 $15d$ 的弯钩。墙体外侧水平钢筋的一种做法是可连续通过转弯，并在墙体配筋率较小一侧的暗柱范围外进行连接；另一种做法是在转角处搭接，搭接长度为 $1.6L_{aE}$。

4）如图 6-25 所示，剪力墙端部为翼墙时，能满足直锚长度 L_{aE} 要求时，直锚即可；不能满足直锚长度要求时，应伸至对边做 $15d$ 的弯钩。

剪力墙钢筋配置若多于两排，中间排水平钢筋端部构造同内侧钢筋。水平钢筋宜均匀放置，竖向钢筋在保持相同配筋率条件下，外排筋直径宜大于内排筋直径。

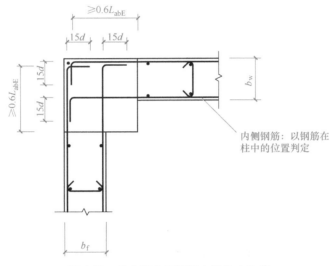

图 6-23 剪力墙水平钢筋在端柱内构造

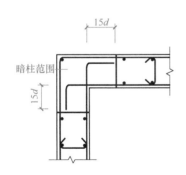

图 6-24 剪力墙水平钢筋在
转角墙内构造

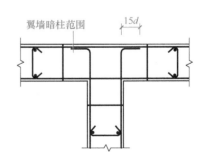

图 6-25 剪力墙水平钢筋在
翼墙内构造

3. 变截面构造

1）当 Δ/墙厚 $\leqslant 1/6$ 时，钢筋可不断开，直接弯折通过，如图 6-26 所示。

2）当 Δ/墙厚 $>1/6$ 时，b_{w1} 墙的钢筋伸至对边做 $15d$ 的弯钩，b_{w2} 墙的钢筋从墙边开始向左伸 $1.2L_{aE}$，如图 6-27 所示。

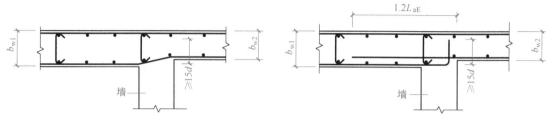

图 6-26 剪力墙水平钢筋变截面构造（一）　　　　图 6-27 剪力墙水平钢筋变截面构造（二）

任务六　掌握剪力墙洞口补强构造

学习目标:

【知识目标】

1. 掌握剪力墙洞口注写。
2. 掌握剪力墙洞口补强钢筋的注写。
3. 掌握剪力墙洞口补强钢筋的构造。

【能力目标】

能够识读施工图中的剪力墙洞口，以及剪力墙洞口补强的做法。

【重点】

剪力墙洞口识读。

【难点】

1. 洞口注写的内容，洞口标注的标高。
2. 洞口每边尺寸不大于800mm时的钢筋补强注写。
3. 洞口每边尺寸大于800mm时的钢筋补强注写。
4. 圆形洞口和矩形洞口的注写差异。
5. 洞口每边尺寸不大于800mm时的钢筋构造。
6. 洞口每边尺寸大于800mm时的钢筋构造。

任务简介:

本任务主要讲解剪力墙洞口注写方式以及不同尺寸下洞口各边的钢筋补强做法。剪力墙洞口补强可以结合板的洞口补强一起学习，以加深记忆。

课前掌握:

查阅22G101—1图集，了解图集中关于剪力墙洞口的注写方式和钢筋补强构造的相关内容。

知识点一　剪力墙洞口表示方法

洞口的存在虽然对剪力墙的整体性造成了一定的负面影响，但是剪力墙内又不得不设置门和窗，不得不留有洞口；同时，洞口的存在也能为剪力墙变形时释放内力，对防治其裂缝的产生也有积极的作用。

平法中对洞口的注写主要有如下内容：

1）在剪力墙平面布置图上绘制洞口示意图，并标注洞口中心的平面定位尺寸。

2）在洞口中心位置引注以下信息：

① 洞口编号：矩形洞口编号为 JD×× （×× 为序号）；圆形洞口编号为 YD×× （×× 为序号）。

② 洞口几何尺寸：矩形洞口为洞宽×洞高 （$b \times h$）；圆形洞口为洞口直径 D。

③ 洞口中心相对标高：此标高是指相对于结构层楼（地）面标高的洞口中心高度。当其高于结构层楼面时为正值，低于结构层楼面时为负值。

知识点二 洞口每边补强钢筋

1）当矩形洞口的洞宽、洞高均不大于 800mm 时，此项注写为洞口每边补强纵筋的具体数值；当洞口的宽、高两个方向补强钢筋不同时，可分别注写，以"/"分开。洞口每边补强钢筋按构造配置可以不注，可按标准构造详图设置。

【例 6-4】 "JD2 400×300 +3.100 3Φ14"，表示 2 号矩形洞口，洞宽 400mm、洞高 300mm，洞口中心距本结构层楼面 3100mm，洞口每边补强钢筋为"3Φ14"。

【例 6-5】 "JD3 400×300 +3.100"，表示 3 号矩形洞口，洞宽 400mm、洞高 300mm，洞口中心距本结构层楼面 3100mm，洞口每边补强钢筋按构造配置。

【例 6-6】 "JD4 800×300 +3.100 3Φ18/3Φ14"，表示 4 号矩形洞口，洞宽 800mm、洞高 300mm，洞口中心距本结构层楼面 3100mm，洞宽方向补强钢筋为"3Φ18"，洞高方向补强钢筋为"3Φ14"。

2）当矩形或圆形洞口的洞宽或直径大于 800mm 时，在洞口的上、下方需设置补强暗梁，此项注写为洞口上、下每边暗梁的纵筋与箍筋的具体数值（在标准构造详图中，补强暗梁梁高一律定为 400mm，施工时按标准构造详图取值，设计时不注。当设计人员采用与该结构详图不同的做法时，应另行注明）；圆形洞口时注写需设置环向加强钢筋的具体数值。当洞口上、下边为剪力墙连梁时，此项免注；洞口竖向两侧按边缘构件配筋的，亦不在此项中表达。

【例 6-7】 "JD5 1000×900 +1.400 6Φ20 Φ8@150"，表示 5 号矩形洞口，洞宽 1000mm、洞高 900mm，洞口中心距本结构层楼面 1400mm，洞口上、下方设补强暗梁，每边暗梁纵筋为"6Φ20"，箍筋为"Φ8@150"。

【例 6-8】 "YD5 1000 +1.800 6Φ20 Φ8@150 2Φ16"，表示 5 号圆形洞口，直径 1000mm，洞口中心距本结构层楼面 1800mm，洞口上、下方设补强暗梁，每边暗梁纵筋为"6Φ20"，箍筋为"Φ8@150"，环向加强钢筋为"2Φ16"。

3）当圆形洞口设置在连梁中部 1/3 范围（且圆洞直径不应大于 1/3 梁高）时，需注写在圆洞上、下方水平设置的每边补强纵筋与箍筋。

4）当圆形洞口设置在墙身或暗梁、边框梁位置，且洞口直径不大于 300mm 时，此项注写为洞口上、下、左、右每边布置的补强纵筋的具体数值。

5）当圆形洞口直径大于 300mm，但不大于 800mm 时，此项注写为洞口上、下、左、右每边布置的补强纵筋的具体数值，以及环向加强钢筋的具体数值。

知识点三 剪力墙洞口补强钢筋构造

1）当剪力墙矩形洞口的宽度与高度都不大于 800mm 时，洞口每边补强钢筋按设计要求注写。

2）当剪力墙矩形洞口的宽度与高度均大于800mm时，洞口上、下方应设补强暗梁。暗梁高度为400mm，补强暗梁配筋按设计标注。当洞口上边或下边为剪力墙连梁时，不再重复设置补强暗梁，洞口竖向两侧设置剪力墙边缘构件。

3）剪力墙圆形洞口不大于300mm时，洞口每侧补强钢筋按设计要求注写且不需设环形补强钢筋。

4）当圆形洞口直径大于300mm但不大于800mm时，洞口每侧补强钢筋按设计要求注写且设环形加强钢筋，环形加强钢筋的搭接长度为 $\max(L_{aE}，300)$。

5）当圆形洞口直径大于800mm时，洞口上、下方应设补强暗梁。暗梁高度为400mm，补强暗梁配筋按设计标注。当洞口上边或下边为剪力墙连梁时，不再重复设置补强暗梁，洞口竖向两侧设置剪力墙边缘构件。墙体分布钢筋需延伸至洞口边弯折，环形加强钢筋的搭接长度为 $\max(L_{aE}，300)$。

剪力墙矩形洞口补强如图6-28所示，剪力墙圆形洞口补强如图6-29所示。

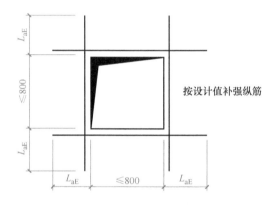

矩形洞宽和洞高均不大于800时的洞口补强纵筋构造

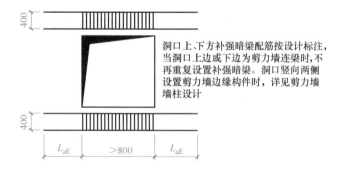

矩形洞宽和洞高均大于800时的洞口补强暗梁构造

图6-28　剪力墙矩形洞口补强

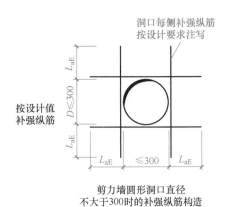

剪力墙圆形洞口直径
不大于300时的补强纵筋构造

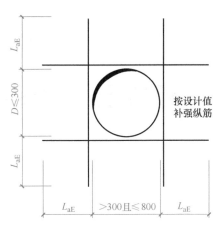

剪力墙圆形洞口直径大于
300且小于等于800时的补强纵筋构造

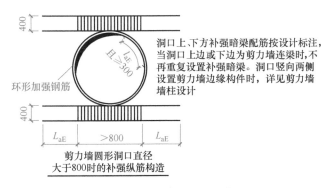

剪力墙圆形洞口直径
大于800时的补强纵筋构造

图 6-29 剪力墙圆形洞口补强

模块七 楼梯识读及钢筋构造

任务一 识读楼梯平法注写

【知识目标】

1. 了解钢筋混凝土楼梯的类别。

2. 掌握楼梯平法注写方式。

【能力目标】

能够识读图纸中的楼梯构造。

【重点】

楼梯平法注写。

【难点】

1. 不同楼梯踏步和梯段的组成。

2. 不同楼梯支撑边的数量。

3. 不同楼梯的抗震要求。

4. 不同楼梯的支座形式。

5. 楼梯平面注写内容。

6. 楼梯剖面注写内容。

7. 楼梯列表注写内容。

任务简介：

本次任务主要讲解楼梯的平法注写方式，以及楼梯的作用、类型和组成等。

楼梯是一种斜板，在识图时还应借助建筑图纸辅助理解。

课前掌握：

查阅22G101—2图集，了解图集中关于楼梯平法注写规则的相关内容。

知识点一 楼梯类型

楼梯是竖向空间的纽带，是正常通行、应急避险的重要通道。楼梯种

楼梯的分类
（微课）

类繁多，本任务只针对现浇钢筋混凝凝土楼梯（板式）进行讲解。根据 22G101—2 图集的规定，楼梯类型见表 7-1。

表 7-1　楼梯类型

梯板代号	适用范围		是否参与结构整体抗震计算
	抗震构造措施	适用结构	
AT	无	剪力墙、砌体结构	不参与
BT			
CT			
DT			
ET			
FT			
GT			
ATa	有	框架结构、框剪结构中框架部分	不参与
ATb			
ATc			参与
BTb			不参与
CTa			
CTb			
DTb			

1. AT~ET 每个代号代表一跑梯板

梯板主体为踏步板，此外还可能包括低端平板、高端平板和中位平板。AT~ET 各型梯板的构成：

1）AT 型梯板全部由踏步段构成（图 7-1）。

2）BT 型梯板由低端平板和踏步段构成（图 7-2）。

图 7-1　AT 型梯板　　　　　　　　　　图 7-2　BT 型梯板

3）CT 型梯板由踏步段和高端平板构成（图 7-3）。

4）DT 型梯板由低端平板、踏步板和高端平板构成（图 7-4）。

5）ET 型梯板由低端踏步段、中位平板和高端踏步段构成。

AT~ET 型梯板的两端（低端和高端）分别以梯梁为支座，采用该组板式楼梯的楼梯间内部既要设置楼层梯梁，也要设置层间梯梁，以及相应的平台板和层间平台板。

图 7-3 CT 型梯板   图 7-4 DT 型梯板

2. FT、GT 型板式楼梯

FT、GT 代号代表两跑踏步段和连接它们的楼层平板及层间平板的板式楼梯。

1）FT 型梯板由层间平板、踏步段和楼层平板构成。梯板一端的层间平板采用三边支承，另一端的楼层平板也采用三边支承。

2）GT 型梯板由层间平板和踏步段构成。梯板一端的层间平板采用三边支承，另一端的梯板段采用单边支承（在梯梁上）。

3. ATa、ATb 型板式楼梯

ATa、ATb 型为带滑动支座的板式楼梯，梯板全部由踏步段构成，其支承方式为梯板高端均支承在梯梁上，ATa 型梯板的低端带滑动支座支承在梯梁上，ATb 型梯板的低端带滑动支座支承在挑板上。

ATa、ATb 型梯板采用双层双向配筋。

4. ATc 型板式楼梯

ATc 型板式楼梯具备以下特征：

1）梯板全部由踏步段构成，其支承方式为梯板两端均支承在梯梁上。

2）楼梯休息平台与主体结构既可连接，也可脱开。

3）梯板厚度应按计算确定，且不宜小于140mm；梯板采用双层配筋；平台板按双层双向配筋。

5. BTb 型板式楼梯

BTb 型板式楼梯具备以下特征：

1）BTb 型为带滑动支座的板式楼梯，梯板由踏步段和低端平板构成，其支承方式为梯板的高端支承在梯梁上，梯板的低端带滑动支座支承在挑板上。

2）BTb 型梯板采用双层双向配筋。

6. CTa、CTb 型板式楼梯

CTa、CTb 型为带滑动支座的板式楼梯，梯板由踏步段和高端平板构成，其支承方式为梯板高端均支承在梯梁上。CTa 型梯板的低端带滑动支座支承在梯梁上，CTb 型梯板的低端带滑动支座支承在挑板上。

CTa、CTb 型梯板采用双层双向配筋。

7. DTb 型板式楼梯

DTb 型板式楼梯具备以下特征：

1）DTb 型为带滑动支座的板式楼梯，梯板由低端平板、踏步段和高端平板构成，其支承方式为梯板的高端平板支承在梯梁上，梯板的低端带滑动支座支承在挑板上。

2）DTb 型梯板采用双层双向配筋。

知识点二　楼梯平法注写方式

楼梯的平法注写方式包括平面注写、剖面注写和列表注写三种。

1. 楼梯平面注写方式

楼梯平面注写方式是在楼梯平面布置图上注写截面尺寸和配筋具体数值，以此来表达楼梯施工图。楼梯平面注写包括集中标注和原位标注（外围标注）两种形式。

1）楼梯集中标注的内容有五项：

① 梯板类型代号与序号，如 AT××。

② 梯板厚度，注写为 $h=$×××。当为带平板的梯板且梯段板厚度和平板厚度不同时，可在梯段板厚度后面括号内以字母 P 打头注写平板厚度。

【例 7-1】　"$h=130$(P150)"中的"130"表示梯段板厚度，"150"表示梯板平板段的厚度。

③ 踏步段总高度和踏步级数，之间以"/"隔开。

④ 梯板支座上部纵筋、下部纵筋，之间以";"隔开。

⑤ 梯板分布筋，以 F 打头注写分布钢筋的具体内容，该项也可在图中统一说明。

对于 ATc 型等楼梯，尚应注明梯板两侧边缘构件的纵向钢筋及箍筋。

2）如图 7-5 所示，楼梯原位标注的内容包括楼梯间的平面尺寸、楼层结构标高、层间结构标高、楼梯的上下方向、梯板的平面几何尺寸、平台板配筋、梯梁及梯柱配筋等。

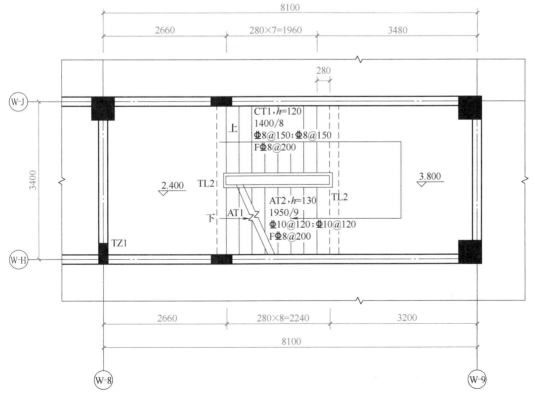

图 7-5　楼梯施工图示例

2. 楼梯剖面注写方式

楼梯剖面注写方式需在楼梯平法施工图中绘制楼梯平面布置图和楼梯剖面图，注写方式分为平面注写、剖面注写两部分。

板式楼梯平面注写方式–集中标注（微课）　板式楼梯平面注写方式–外围标注（微课）

楼梯平面布置图的注写内容包括楼梯间的平面尺寸、楼层结构标高、层间结构标高、楼梯的上下方向、梯板的平面几何尺寸、梯板类型及编号、平台板配筋、梯梁及梯柱配筋等。

楼梯剖面图的注写内容包括梯板集中标注，梯梁、梯柱编号，梯板水平及竖向尺寸，楼层结构标高，层间结构标高等。

楼梯集中标注的内容有四项，具体规定如下：

1）梯板类型及编号，如 AT××。

2）梯板厚度，注写为 $h=×××$。当梯板由踏步段和平板构成，且梯板踏步段厚度和平板厚度不同时，可在梯板厚度后面括号内以字母 P 打头注写平板厚度。

3）梯板配筋，应注明梯板上部纵筋和梯板下部纵筋，用分号";"将上部与下部纵筋的配筋值分隔开来。

4）梯板分布筋，以 F 打头注写分布钢筋的具体内容，该项也可在图中统一说明。

【例 7-2】　剖面图中梯板配筋完整的标注如下（AT 型）：

AT1，$h=120$　　　　　　梯板类型及编号，梯板板厚

Φ10@200；Φ12@150　　上部纵筋；下部纵筋

F ϕ8@250　　　　　　　梯板分布筋（可统一说明）

对于 ATc 型等楼梯，集中标注中尚应注明梯板两侧边缘构件的纵向钢筋及箍筋。

3. 楼梯列表注写方式

楼梯列表注写方式，是用列表方式注写梯板截面尺寸和配筋具体数值，以此来表达楼梯施工图。楼梯列表注写方式的具体要求同剖面注写方式，仅将剖面注写方式中的梯板配筋注写项改为列表注写项即可。

任务二　掌握楼梯钢筋构造

📖》学习目标：

【知识目标】

1. 掌握 AT 型楼梯的钢筋构造。

2. 掌握 ATc 型楼梯的钢筋构造。

【能力目标】

能够识读图纸中 AT 型和 ATc 型楼梯的钢筋构造。

【重点】

AT 型楼梯的钢筋构造。

【难点】

1. AT 型楼梯上部纵筋锚固。

2. AT 型楼梯上部纵筋在跨内的伸出长度。

3. AT 型楼梯下部纵筋的长度。

4. AT 型楼梯上下分布筋的长度。

5. ATc 型楼梯横截面构造。

任务简介：

本任务主要讲解楼梯钢筋的构造，通过本任务学习能够识读施工图中楼梯钢筋构造的内容。AT 型梯板的识图难点在纵筋的长度计算，因为图形中标注的是投影尺寸，可楼梯为斜板。ATc 型梯板不作计算要求，但是其横截面做法应熟练绘制。

课前掌握：

查阅 22G101—2 图集，了解图集中关于楼梯钢筋构造的相关内容。

知识点一　AT 型楼梯钢筋构造

AT 型楼梯钢筋构造如图 7-6 所示。

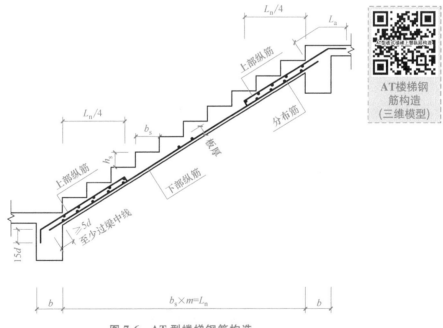

图 7-6　AT 型楼梯钢筋构造

AT 型楼梯只有一个梯段，上下锚固在梯梁上，因为没有抗震构造措施，所以上部纵筋无需贯通。

1）上部纵筋在支座内的锚固同板。

2）上部纵筋向支座内的伸出长度为 $L_n/4$（L_n 为梯板的水平投影长度）。

3）上部纵筋在高端梯梁中，有条件时可直接伸入平台板内锚固，从支座内边算起总锚固长度不小于 L_a，无须弯钩。

4）下部纵筋需至少伸过支座中线且 $\geq 5d$，注意此长度为水平投影长度。

5）楼梯分布筋放置在纵筋的内侧，构成钢筋骨架。

知识点二 ATc 型楼梯钢筋构造

ATc 型楼梯钢筋构造如图 7-7 所示。

ATc 型楼梯也只有一个梯段，上下锚固在梯梁上。但它的不同之处在于 ATc 型楼梯参与抗震计算，所以在支座内的锚固与 AT 型楼梯不相同，在梯段上的上部纵筋需要贯通设置。

1）上部纵筋在支座内锚固的直段长度 $\geqslant 0.6L_{abE}$，弯钩仍取 $15d$。

2）上部纵筋贯通设置。

3）上部纵筋在高端梯梁中，有条件时可直接伸入平台板内锚固，从支座内边算起总锚固长度不小于 L_{aE}，无须弯钩；若无条件时，等同低端梯梁的锚固形式。

4）下部纵筋锚固和上部相同。

5）楼梯分布筋放置在纵筋的内侧，构成钢筋骨架。

6）梯段上要设置拉结筋，以勾住分布筋。

7）梯段梁侧设置暗梁，暗梁高同板厚 h，长为 $1.5h$，其钢筋放置见图 7-7 中标注。

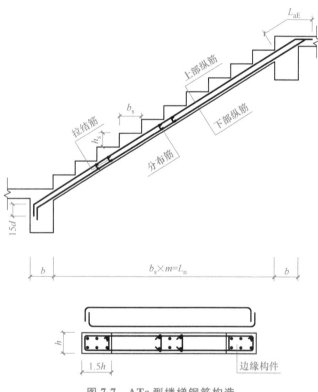

图 7-7 ATc 型楼梯钢筋构造

参考文献

[1] 中国建筑标准设计研究院有限公司. 混凝土结构施工图平面整体表示方法制图规则和构造详图（现浇混凝土框架、剪力墙、梁、板）：22G101—1［S］. 北京：中国标准出版社，2022.

[2] 中国建筑标准设计研究院有限公司. 混凝土结构施工图平面整体表示方法制图规则和构造详图（现浇混凝土板式楼梯）：22G101—2［S］. 北京：中国标准出版社，2022.

[3] 中国建筑标准设计研究院有限公司. 混凝土结构施工图平面整体表示方法制图规则和构造详图（独立基础、条形基础、筏形基础、桩基础）：22G101—3［S］. 北京：中国标准出版社，2022.

[4] 上官子昌. 22G101 图集应用——平法钢筋算量［M］. 北京：中国建筑工业出版社，2022.